Wellensiek

Resilienztraining für Führende

Widmung

Für meinen Vater, Dr. Jobst Wellensiek, der in jeder unternehmerischen Krise ungenützte Chancen und Potenziale erkennt und freisetzt.

Sylvia Kéré Wellensiek

Resilienztraining für Führende

So stärken Sie Ihre Widerstandskraft und die Ihrer Mitarbeiter

2. Auflage

Sylvia K. Wellensiek Dipl.-Ing. Innenarchitektur, Trainerin, Therapeutin (Physio- und Psychotherapie nach HPG), Coach, Autorin, leitet mit ihrem Mann ein Trainings- und Ausbildungsinstitut am Starnberger See. Mit Freude und Leidenschaft unterstützt sie Unternehmen, Teams und Führungspersönlichkeiten aus Wirtschaft und Spitzensport in den Themenbereichen persönliches und organisationales Resilienz-Training, Unternehmenskultur, Führung, Kommunikation, Life-Balance und persönliche Exzellenz. Ihre Arbeit versteht sie als Bewusstseinstraining. Im Fokus steht die konsequente Wahrnehmung und Verbindung von Körper, Gefühl, Verstand und Seele.
Autorin der Bücher: »Handbuch Integrales Coaching«, »Handbuch Resilienztraining« und »Fels in der Brandung statt Hamster im Rad«.

Dieses Buch ist auch erhältlich als:
ISBN 978-3-407-36643-6 Print
ISBN 978-3-407-29024-3 (PDF)

2., aktualisierte Auflage 2017

Werderstraße 10, 69469 Weinheim

Lektorat: Ingeborg Sachsenmeier
Reihengestaltung: glas ag, Seeheim-Jugenheim
Umschlaggestaltung: Antje Birkholz
Umschlagabbildung und Foto Kapitelaufmacherseiten: © Wilhelm Senoner, St. Ulrich in Gröden, Fotograf: Egon Dejóri – STORK Design

Gesamtherstellung: Beltz Bad Langensalza GmbH, Bad Langensalza
Printed in Germany

Weitere Informationen zu unseren Autoren und Titeln finden Sie unter: www.beltz.de

Inhaltsverzeichnis

Unsere Fähigkeit zu Resilienz

Eine unerschlossene Quelle zur Lösung komplexer Aufgaben

Beispiele

Info

Literaturtipps

Übungen

Woher stammt unsere Kraft und Energie?

Führungskräfte haben per se eine hohe Stressresistenz, sonst könnten sie nicht täglich ihren anspruchsvollen Job ausfüllen. Sie müssen äußerst belastbar sein, flexibel, weitsichtig, anpassungsfähig, zäh und extrem ziel- und lösungsorientiert, andernfalls halten sie die ständigen Turbulenzen, die das heutige Wirtschaftsleben mit sich bringt, schlichtweg nicht aus.

Viele Verantwortungsträger kommen mit schwierigen, kniffligen Bedingungen auch bestens zurecht. Sie lieben den Sturm, denn er fördert in ihnen Höchstleistungen zutage. Unter Druck laufen sie zur Höchstform auf und können vielfältige Fähigkeiten unter Beweis stellen. Dabei werden sie den hohen Wellengang sicher auch nicht dauerhaft als lustig empfinden. Er kann ihnen schlaflose Nächte bereiten, Schweiß auf die Stirn treiben und sie zunehmend in die Enge treiben. Und doch finden sie durch ihre innere Haltung ständig wieder Bewältigungsstrategien, um Krisen in Chancen zu verwandeln und durch den entgegengebrachten Widerstand schlummernde Kräfte in sich wachzurufen.

Durch Erfahrungswissen und Kreativität eröffnen sie sich Mittel und Wege, um geschickt sowohl durch Böen als auch durch Flauten zu navigieren. Sobald sie ihre Ängste und Unsicherheiten verarbeitet haben, wecken solche Schwierigkeiten in ihnen den Sportsgeist – die beste Voraussetzung, um sich mit Klugheit und Humor nicht den Schneid abkaufen zu lassen.

Diese innere wie äußere Spannkraft können sich Führende oft über viele Jahre, gar Jahrzehnte, erhalten und immer wieder neu aufbauen. Getragen werden sie dabei von ihrer hohen Motivation, Dinge voranzubringen, etwas bewegen und entwickeln zu wollen. Je leidenschaftlicher sie sich mit ihrer Aufgabe identifizieren, umso mehr stehen ihnen Ausdauer und Durchsetzungskraft zur Verfügung. Diese Menschen wirft so schnell nichts um. So war es zumindest bisher.

In den letzten Jahren ist im Selbsterleben von Verantwortungsträgern allerdings eine Veränderung zu bemerken. Schleichend, doch stetig. Immer mehr Leistungsträger sprechen von einem zunehmenden Druck, dem selbst sie, bei Auferbietung all ihrer Fähigkeiten, nicht mehr standhalten können. Leistungsorientierte, hochambitionierte, starke Menschen geraten ins Wanken und berichten von innerer Erschöpfung. Und es scheinen keine Einzelfälle zu sein, sondern es werden täglich mehr.

Diese bemerkenswerte Entwicklung kollidiert mit der Tatsache, dass sich Krisen und Ausnahmezustände in stetig größerer Geschwindigkeit anhäufen. Gerade jetzt, bei all unseren drängenden Problemen, die wir in Deutschland und weltweit zu lösen haben, wird das gesamte geistige, körperliche, emotionale und seelische Potenzial von Menschen dringend gebraucht! Aber das Gegenteil ist der Fall. Das Leben wird von vielen als ein Hamsterrad der inneren und auch äußeren Ansprüche wahrgenommen, in dem sie sich kontinuierlich verausgaben. Krisen können nicht länger als Sprungbrett in neue Dimensionen interpretiert werden, da der Akku, der solch eine Transformationsleistung zu vollbringen hilft, bei vielen gerade leer ist.

Es scheint, dass wir nicht nur auf kollektiv-globaler, sondern auch auf individuell-persönlicher Ebene ein Energieproblem haben: Woher stammt die Kraft, die wir täglich zur Gestaltung unseres Lebens brauchen? Oder andersherum betrachtet: Womit verschwenden wir die Energien, die uns von Natur aus zur Verfügung stehen und die wir so dringend benötigen? Können wir lernen, innen wie außen balanciert und nachhaltig mit unserem persönlichen Energiehaushalt umzugehen? Wie gelingt es uns, jeden Tag neu die Kraft zu generieren, die zur Erledigung all unserer Aufgaben, Anliegen und Wünsche gebraucht wird?

Und im Kontext dieses Buches gefragt: Wie schafft es ein Führender, Zusammenarbeit so zu gestalten, dass er weder sich selbst noch seine Mitarbeiter an den zu erfüllenden Aufgaben verschleißt? Kann Resilienz, sprich Widerstandskraft und Belastungsfähigkeit, systematisch gefördert werden, damit gerade aus schwierigen Konstellationen erst recht eine neue Arbeits- und Lebensqualität erwachsen kann?

»Wie ich mit meinen Maschinen umzugehen habe, dass sie mir als wertschöpfendes Kapital erhalten bleiben, weiß ich ganz genau. Aber wie mache ich das mit meinen Mitarbeitern? Früher krempelten in Krisenzeiten alle die Ärmel hoch und zogen an einem Strang. Heute spüre ich gar keinen Elan mehr dafür.« – So hörte ich kürzlich einen Geschäftsführer in großer Runde reflektieren. Solche wichtigen Fragen werden immer öfter in unterschiedlicher Form in der Öffentlichkeit diskutiert.

Die erschöpfte Arbeitswelt – alles übertrieben oder ernst zu nehmen?

In vielen Zeitungen und Talkshowrunden wurden wir letztes Jahr mit einem polarisierenden Thema konfrontiert, ja quasi bombardiert: Der erschöpfte Mensch, Teil einer erschöpfenden Arbeitswelt, Stress und Leistungsdruck bis zum Abwinken, Globalisierung und Informationsflut in unverdaulichem Übermaß, alles ständig schneller, höher und doch nicht weiter – wer hält das eigentlich noch durch?

Wie jedes gesellschaftliche Phänomen, das zu einem Modethema erkoren wird, zieht auch das Thema »Burnout« zunächst an, macht stutzig, lässt nachdenken, das eigene Leben resümieren. Weitere Zweifel keimen auf bis hin zur kompletten Infragestellung.

Stellen sich die vielen erschöpften Menschen in unserer Gesellschaft nicht furchtbar an? Übertreiben sie nicht maßlos mit ihren Beschwerden? Haben unsere Eltern und Großeltern nicht viel mehr gearbeitet und mussten sich nicht oft unvorstellbaren Strapazen standhalten, ohne jammern und klagen zu können? Ist eine psychosoziale Erkrankung nicht gerade chic und eignet sich hervorragend, um elegant auf den Seitenstreifen abzubiegen – während andere nicht kneifen, nicht ausweichen, sondern einfach weitermachen?

Aber ist der Freund eines Freundes, der bisher immer sehr sympathisch, sportlich und erfolgreich wirkte, nicht tatsächlich für einige Monate in einer Klinik verschwunden, um wieder neue Kräfte zu tanken? Dieser Schritt ist ihm sicher nicht leichtgefallen …

Ja, die Fragestellung »Brennen oder Ausbrennen?« birgt wahrlich viele unterschiedliche Facetten in sich, und jede spiegelt eine ernst zu nehmende Wahrheit wider. Die einen meinen, die ganze Diskussion sei maßlos übertrieben, und sachlich unscharf geführte Gespräche sollten schleunigst eingestellt werden. Zu dieser Position kann ich den hervorragenden Artikel von Christian Weber empfehlen: »Die Burn-out-Hysterie – Die anhaltende Debatte um das scheinbar zunehmende Leiden zeugt von einem falschen Verständnis psychischer Krankheiten« (erschienen am 22./23. Oktober 2011 in SZ/Wissen). Sein Fazit lautet: Die Medien und die Krankenkassen heizen das Thema übermäßig an, ohne ihre Aussagen und Annahmen auf validen Daten und Fakten gründen zu können. Das Durcheinander an Fragebögen und Symptomlisten für die Erhebung der Krankenzahlen öffnet Trittbrettfahrern Tür und Tor. Nach seiner Erkenntnis lässt sich in den letzten Jahrzehnten auf gesamtgesellschaftlicher Ebene kein wirklicher Trend zu erhöhten psychosozialen Erkrankungen identifizieren.

Der Trendforscher Peter Wippermann sieht das ganz anders und prophezeit dagegen, dass uns das Thema »Burnout« in Zukunft noch viel intensiver beschäftigen wird – nachzulesen in seinem Artikel »Ausgebrannt im Standby-Modus« (in: Focus Nr. 52/2011). Die drei großen Herausforderungen für die nächsten Jahre heißen seiner Ansicht nach:

> »Diskontinuität, Deregulierung und Komplexität. Diskontinuität bezeichnet die Fragmentierung des Lebens. Nichts ist mehr sicher. [...] Brüche und Neuanfänge werden zum Normalzustand. Mit Deregulierung wird der allmähliche Rückzug des Staates bezeichnet, der Abbau von ehemals garantierten Sicherheiten, als dessen Folge den Menschen viel mehr Eigenverantwortung abverlangt wird. Die dritte große Herausforderung ist die Komplexität, der Zuwachs an Informationen und Wahlmöglichkeiten. Wir müssen morgen noch mehr Entscheidungen treffen und stehen stärker unter Entscheidungsdruck.« Im weiteren Text fährt er fort: »Niemand weiß eigentlich, wie sich Burn-out definieren lässt. Bisher existieren weder eine verbindliche Definition noch ein valides, allgemein gültiges diagnostisches Instrument für das Burnout-Syndrom. [...] Doch wo ist das Problem? Dann mal los, möchte man den Medizinern zurufen, legt euch fest, entscheidet, welche Kriterien für eure Definition von Burnout gelten soll, schreibt sie in eure Diagnosekataloge oder erfindet gleich einen neuen medizinischen Fachausdruck. Und lasst den Menschen derweil ihre Burnouts. Schließlich ist es positiv, dass unsere Gesellschaft ihre Sprachlosigkeit überwindet und einen Begriff gefunden hat, mit dem sich die Überforderung des Einzelnen wenigstens ausdrücken lässt. Die Spielregeln für die Netzwerkgesellschaft werden ja gerade erst ausgehandelt.«

All diese Blickpunkte sind interessant und gegeneinander abzuwägen. Wer einen Schritt zurücktritt und sich die Mühe macht, neben den polarisierenden Teilaspekten auch ein größeres Bild anzuvisieren, wird feststellen: Die Erschöpfung eines Menschen, das Gefühl der Energielosigkeit und inneren Leere, ist das Ergebnis eines langen, langen Weges, den dieser Mensch schon zurückgelegt hat. Das Ende der eigenen Kräfte, und auch die einer Gruppe oder einer ganzen Organisation, ist das Symptom einer zunehmenden Verkettung unguter Einflussfaktoren. Die Wurzel des Geschehens ist zumeist multikausal, beruflicher sowie gleichzeitig privater Natur und nicht nur in der Gegenwart, sondern auch oft im biografischen Kontext zu suchen. Mit einem simplifizierenden »Schwarz-Weiß-Denken« ist sie also nicht zu identifizieren.

Im Austausch genauer werden

Ich erlebe die ganze Thematik tagtäglich in der Praxis, und dort spüre ich seit Jahren eine Verschärfung der Belastungen. Durch meine bundesweiten Vortragsreihen der letzten Jahre konnte ich mit vielen unterschiedlichen Menschen ins Gespräch kommen. Diese Veranstaltungen zum Thema »Persönliche und organisationale Resilienz« besuchen Vertreter aus den verschiedensten Unternehmen und Branchen. Zu Anfang waren es hauptsächlich Personalvertreter aus der Wirtschaft, die sich prinzipiell über die Möglichkeiten eines ganzheitlichen Gesundheitsmanangements informieren wollten. Heute treffe ich auf Personen, die sich vielfach aus eigener, dringender Betroffenheit informieren möchten. Sie kommen weiterhin aus der Wirtschaft, aber ebenso aus Schulen, von Universitäten, aus Krankenhäusern und Pflegeheimen, von Kindergärten, aus Handwerksbetrieben, vom Roten Kreuz, von Gemeinden und von der Regierung, von der Bundeswehr und der Polizei. Sie alle berichten Ähnliches.

Sie hätten in ihren Betrieben zumeist hoch motivierte Mitarbeiter, die gerne und gut arbeiten. Aber durch die Ereignisse der letzten Jahre hätte sich das gute, vertrauensvolle Arbeitsklima verschoben. Viele erzählen, die Atmosphäre an ihrem Arbeitsplatz habe sich sogar drastisch verändert – die Ursachen hierfür seien vielfältig. Als Hauptgründe werden genannt: Arbeitsverdichtung, stetige Informationsüberflutung, mangelnde Wertschätzung, zerfallende soziale Beziehungen bis hin zu einem »Sinnvakuum«. Die Konsequenzen dieser verschiedenen Einflussfaktoren münden in eine Negativspirale, die in vielen Unternehmen schmerzhaft spürbar wird.

Im Folgenden möchte ich Kernaussagen komprimieren, die immer wieder in den Gesprächen vorgetragen wurden:

- Die Arbeitsbedingungen haben sich komplett verändert, es wird aber noch aus dem alten »Mindset« heraus agiert.
- Maßnahmen, die in den Notzeiten der letzten Finanz- und Wirtschaftskrise implementiert und unter der Angst vor Arbeitsplatzverlust von den Arbeitnehmern akzeptiert wurden, werden nicht zurückgenommen. Beispielsweise werden abgebaute Stellen nicht nachbesetzt, es existieren keine Urlaubs- oder Krankenvertretungsregelungen und vieles mehr.
- Insofern werden Mitarbeiter mehr ausgebeutet, als es mit Maschinen überhaupt möglich wäre. Arbeitnehmern wird immer mehr aufgeladen, ohne auf Ressourcen und Regeneration zu achten.
- Viele Führungskräfte haben schlichtweg keine Zeit zum Führen und sind unzureichend für die anspruchsvolle Aufgabe der Selbst- und Mitarbeiterführung ausgebildet.
- Die Unternehmenskultur, oftmals schick in Hochglanzbroschüren aufbereitet, verkommt zum reinen Lippenbekenntnis. Uneingelöste Versprechen sind absolute Motivationskiller und resultieren in gefühlter »Sinnlosigkeit« – das beschleunigt ein Burnout turbomäßig.
- »Führen mit Zielen« verfehlt immer öfter die gut gemeinte Wirkung und schafft durch unrealistische Zielsetzungen Druck ohne Ende.
- Menschen mit Leistungsabfall werden weiterhin stigmatisiert – Sprachlosigkeit verhindert den kreativen Umgang mit einer psychischen Erkrankung, zum einen in der Prävention, zum anderen im direkten Umgang und in der Wiedereingliederungsphase.

Die erwähnten Inhalte wirken oftmals sehr bedrückend. Durch den gemeinsamen Austausch verbessert sich die Stimmung im Raum aber schnell. Allein das Gespräch über diese Probleme lässt ein wenig Dampf ab und öffnet den Horizont für neue Blickpunkte.

Den Fokus auf Kraft und Ressourcen richten

Sich Zeit zu nehmen, gemeinsam hinzuschauen und verschiedene Blickpunkte einzunehmen halte ich für sehr wichtig, um nicht den größeren

Kontext zu verlieren. Ganz außer Frage haben sich die Generationen vor uns in unbeschreibbar dramatischen Lebensumständen zurechtfinden müssen. Das ist heute anders. Zudem können wir glücklicherweise neben all den belastenden Faktoren unserer heutigen Zeit auch viele positive Veränderungen konstatieren: Der Wohlstand und die Freizeit haben zugenommen. Arbeit wird nicht nur als Gelderwerb, sondern oft auch als Möglichkeit der Selbstentwicklung eingestuft. An viele Arbeitsplätze koppeln sich hervorragende Angebote der Weiterbildung. Hierarchien sind flacher geworden; dadurch enstehen mehr Spielraum und Eigenverantwortung. Durch die erhöhte Mobilität erleben viele Menschen ganz andere Eindrücke und Impulse, die ihren Horizont weiten. Unsere Welt ist riesig geworden, bietet vielfältige Möglichkeiten, die gerade in unserer Gesellschaftsform von einem Großteil der Bevölkerung genutzt werden können. Doch: Trotz all dieser positiven Entwicklungen erleben viele Menschen ihr Leben als ewige Hast und Last und fühlen sich eingezwängt.

Denn tatsächlich werden die meisten Menschen an ihrem Arbeitsplatz, unabhängig von Branche und Funktion, mit einer unglaublichen Arbeitsverdichtung und ansteigenden Informationsflut konfrontiert. So wie es ausschaut, wird sich daran erst einmal nichts ändern. Die Frage bleibt, mit welcher kreativen Intelligenz jeder Einzelne und auch Teams sowie Organisationen mit dieser Situation umgehen. Aus ganz weiter Perspektive betrachtet, durchlaufen wir gerade eine neue Stufe unserer menschlichen Entwicklungsgeschichte. Evolution basiert auf intelligenter Anpassung. Und diese Anpassung haben bisher nur wenige durch einen intensiven Bewusstwerdungs- und Veränderungsprozess geschafft.

So erscheint mir jeder Tag wie eine Medaille mit zwei Seiten, die den Blick auf die Defizite oder auf die Ressourcen der persönlichen Situation anbietet. In meinem Leben habe ich diese Münze oft in Händen gehalten und sie von einer Seite auf die andere gedreht. Mit den Jahren habe ich mich entschieden, mich in meiner inneren Ausrichtung ganz und gar auf die Chancen des Lebens zu konzentrieren und mich in dieser inneren Haltung konsequent zu stärken.

In jungen Jahren war ich noch kein sehr widerstandsfähiger Mensch, eher empfindsam und sensibel. Und dennoch habe ich schrittweise gelernt, meine eigene Kraft und Stärke zu entdecken und kontinuierlich auszubauen. So entdeckte ich zunächst an mir selbst die wunderbare Entfaltung der inneren Widerstandsfähigkeit, die mich für vielfältige Aufgaben und Prüfungen rüstete. Im Austausch mit meinen zahlreichen Klienten und Kursteilnehmern wuchs in mir das Interesse und die Faszination an der ungeheuren Widerstandskraft und Belastungsfähigkeit, die wir Menschen in uns tragen und systematisch ausbauen können. So möchte ich mit meiner Arbeit Mut machen, den berühmten Blickpunktwechsel vom halbleeren zum halbvollen Glas vorzunehmen und auf die Entwicklungsfelder und möglichen Synergien zu schauen, die uns unsere schnelle, vollgepackte, zusammengerückte Welt anbietet. Den Blick zu schärfen macht Sinn, denn nur Potenziale, die wir registrieren, können wir auch nutzen.

Die eigenen Kräfte kennen und wecken

Widerstandskraft, Belastungsfähigkeit und Flexibilität, all diese Eigenschaften, die wir heutzutage dringend brauchen können, werden mit dem Begriff »Resilienz« umschrieben. Es ist ein Grundgedanke, der aus der Werkstoffkunde stammt. Er schildert die Fähigkeit eines Stoffs, nach einer Verformung durch Druck- oder Zugeinwirkung wieder in seine alte Form zurückzukehren. Diese Bezeichnung veranschaulicht also die Fähigkeit eines Systems, von außen und von innen kommende Irritationen ausgleichen oder ertragen zu können, ohne dabei kaputtzugehen. Das Material übersteht Verformungen, ohne dabei die eigene, ursprüngliche Form einzubüßen. Im Lateinischen existiert die Vokabel *resilire*, und sie bedeutet »zurückspringen« oder »abprallen«. Im Deutschen ist keine allgemein gültige Definition für das davon abgeleitete Wort »Resilienz« vorhanden – es wird als Synonym für Widerstandsfähigkeit, Belastbarkeit oder Elastizität verwendet. Das assoziierende Bild dabei ist das Stehaufmännchen, das sich aus jeder beliebigen Lage wieder aufzurichten vermag.

Die Kinderpsychologie kennt diesen Terminus schon länger und bemüht ihn, wenn Kinder oder Jugendliche trotz schwieriger Lebensumstände in eine gute Entwicklung finden. Emmy E. Werner, eine amerikanische Entwicklungspsychologin, machte zu diesem Phänomen eine spannende Längsschnittstudie. Sie begleitete über 40 Jahre lang die Entwicklung von ungefähr 700 Menschen, die im Jahre 1955 auf der Hawaii-Insel Kauai geboren wurden. All diese Menschen wuchsen unterschiedlich auf: die einen erlebten ihre Kindheit sehr wohlbehütet und in einem geschützten, liebevollen Umfeld, andere dagegen unter schwierigsten Bedingungen in ihrem Elternhaus und ihrer Umgebung. Wider den Erwartungen konnte ein Drittel der vorbelasteten Risikokinder einen erfüllten, stabilen Lebensweg einschlagen. Emmy Werner gelang es, verschiedene Faktoren zu identifizieren, die diese Kinder beziehungsweise Erwachsenen von den anderen zwei Dritteln unterschieden. Es waren zum einen günstige Charaktereigenschaften, über die die Kinder selbst verfügten. Sie wurden als gutmütig, liebevoll und ausgeglichen beschrieben. Außerdem erwiesen sie sich als kommunikativ, wenig ängstlich, konnten Umstände reflektieren und sich ein eigenes Bild machen. Sie besaßen gute Problemlösefähigkeiten und konnten Dinge realistisch einschätzen.

Darüber hinaus gab es psychisch schützende Faktoren in ihrem Umfeld. Wichtig war, dass die Kinder eine stabile Bindung an einen Erwachsenen aufbauen konnten und von diesem zuverlässig unterstützt wurden. Die resilienten Kinder neigten dazu, sich in Krisenzeiten nicht nur auf ihre Eltern zu verlassen, sondern suchten auch bei Verwandten, Freunden, Nachbarn oder älteren Menschen in ihrer Gemeinde Rat und Trost. Die Verbindungen zu Freunden aus stabilen Familien hielten oft ein Leben lang und halfen den Kindern, eine positive Lebensperspektive zu entfalten. Ein Lieblingslehrer oder ein Pfarrer konnte für die Kinder zum positiven Rollenmodell werden.

Die Längsschnittstudie deckte Einflussfaktoren auf, die das Risiko von psychosozialen Störungen beziehungsweise Erkrankungen mildern oder einschränken konnten:

- angeborene Eigenschaften des Individuums,
- Fähigkeiten, die der Einzelne in Interaktion mit seiner Umwelt erwarb sowie
- umgebungsbezogene Faktoren.

Diese Ergebnisse deuten auf einen Zusammenhang hin, den ich durch meine persönlichen Beobachtungen nur ganz und gar bestätigen kann. Innere Widerstandskraft, Selbstbewusstsein, Gelassenheit und Souveränität lassen sich kraftvoll fördern, wenn man auf verschiedenen Ebenen gleichzeitig ansetzt: bei der Beziehung zu sich selbst, beim Kontakt zu anderen Menschen und bei der aktiven Gestaltung der umgebenden Einflussfaktoren. Resilienz ist keine Eigenschaft, die uns Menschen von Natur aus in die Wiege gelegt wurde. Sie ist eine Veranlagung, die in jedem Menschen unterschiedlich ausgeprägt ist und aktiv angestoßen sowie gestärkt werden kann.

Ganz außer Frage gibt es Personen mit einer besonders ausgeprägten Stressresistenz und einem unerschütterlich sonnigen Gemüt, die das Glas immer halbvoll sehen. Von diesen in sich balancierten, robusten Menschen laufen aber gar nicht so viele herum, wie man denkt. Bei genauerer Betrachtung ist das angeborene Stehaufmännchen-Gen eher die Ausnahme. Viel öfter bilden Menschen erst im Laufe ihres Lebens diese innere Festigkeit aus, indem sie die verschiedensten Höhen und Tiefen ihres Schicksals meistern. Widerstände und Prüfungen zwingen sie dazu, alle nur möglichen Ressourcen und Potenziale in sich selbst flottzumachen.

Emmy Werner läutete mit ihrer Untersuchung einen Paradigmenwechsel ein. Bis zu diesem Zeitpunkt hatte die Psychologie auf die Faktoren und Umstände geachtet, die einen Menschen krank und unglücklich machten. Nun wurde der Blickpunkt erweitert und beobachtet, wie eine Person trotz widriger Umstände in ein glückliches, erfülltes Leben finden konnte.

Das Resilienzkonzept weist unter anderem Parallelen zur Salutogenese (Aaron Antonovsky) auf, zur Positiven Psychologie und zum Stress-Coping-Modell (Richard Lazarus). Es beschreibt aber ein umfassenderes Modell für die Bewältigung von zerrüttenden Lebensumständen und die Möglichkeit, stärker und reifer aus diesen Stürmen hervorzutreten. Viktor Frankl, der Entwickler der Existenzanalyse und Logotherapie, ist ein ganz hervorstechendes, berührendes Beispiel hierfür. Durch die Verarbeitung seiner schrecklichen Erfahrungen im Krieg und im Konzentrationslager schenkte er uns ein Bild davon, was innere Stärke und Hingabe ans Leben bewirken kann. Er transformierte Grauen und Entsetzen in Liebe und Versöhnung. Diese tiefe Dimension schlummert im Konzept der Widerstandskraft. Glücklicherweise können wir es im Alltag für weit weniger dramatische Ereignisse einsetzen.

Literaturtipp

Viktor E. Frankl (2009): … trotzdem Ja zum Leben sagen. In dem Erlebnisbericht, den Frankl zunächst anonym veröffentlichen wollte, beschreibt er aus der Sicht eines Psychologen seine Erlebnisse im Konzentrationslager. Das zentrale Erlebnis für Frankl war in dieser Zeit die Erfahrung, dass es möglich ist, auch noch unter inhumansten Bedingungen einen Sinn im Leben zu erkennen.

Resilienz in Unternehmen

Im wirtschaftlichen Kontext geht die Definition des Begriffs »Resilienz« über die individuelle Fähigkeit hinaus und schließt darunter auch die organisationale Fähigkeit ein, sich schnell und erfolgreich an ständig verändernde Anforderungen – intern wie extern – anzupassen. Die Definition verdeutlicht, dass eine direkte Abhängigkeit zwischen der Stärke und Wirksamkeit aller Organisationsmitglieder und der Fähigkeit des Unternehmens als Ganzes besteht. So lässt sich Resilienz aus den verschiedensten Blickwinkeln begutachten und auf allen Ebenen eines Unternehmens untersuchen beziehungsweise durchdeklinieren.

Literaturtipp

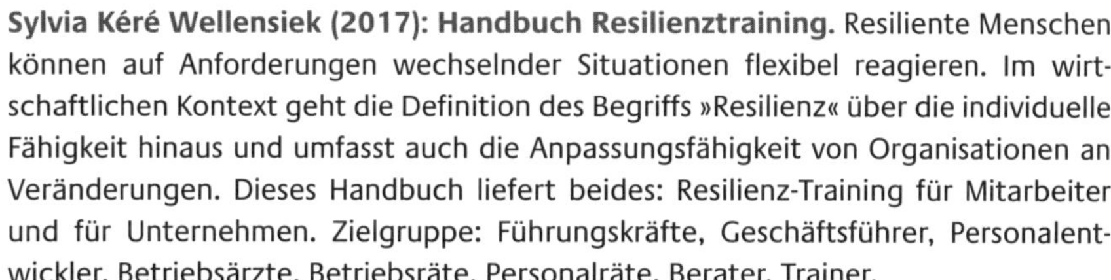

Sylvia Kéré Wellensiek (2017): Handbuch Resilienztraining. Resiliente Menschen können auf Anforderungen wechselnder Situationen flexibel reagieren. Im wirtschaftlichen Kontext geht die Definition des Begriffs »Resilienz« über die individuelle Fähigkeit hinaus und umfasst auch die Anpassungsfähigkeit von Organisationen an Veränderungen. Dieses Handbuch liefert beides: Resilienz-Training für Mitarbeiter und für Unternehmen. Zielgruppe: Führungskräfte, Geschäftsführer, Personalentwickler, Betriebsärzte, Betriebsräte, Personalräte, Berater, Trainer.

Das vorliegende Buch greift die besondere Perpektive von Führungsverantwortlichen auf, in der Beziehung zu sich selbst, zu den Mitarbeitern, Kollegen, Kunden, Vorgesetzten und auch zu ihrer Familie und ihrem privaten Netzwerk. Viele Menschen haben Führungsaufgaben zu lösen. Die zentralste von allen betrifft jedes Wesen auf diesem Erdball: sich selbst so glücklich und gesund wie möglich durch das eigene Leben zu führen

Literaturtipp

Sylvia Kéré Wellensiek (2016): Fels in der Brandung statt Hamster im Rad. In zehn Schritten zu persönlicher Resilienz. Das Buch zeigt, wie mit komplexen Alltagsbedingungen souverän umgegangen werden kann. Nicht: Warten, bis Überbeanspruchung und Erschöpfung zu groß werden und den ganzen Organismus schachmatt setzen. Besser: Im Vorfeld die Bremse ziehen, Symptomen auf den Grund gehen, Resilienz gezielt trainieren. Zielgruppe: Menschen, die immer wieder an ihr persönliches Limit gelangen; die Krisenzeiten als Aufruf verstehen, ihre Potenziale kraftvoll zu entfalten; die fundiert und zügig an ihrer Persönlichkeit arbeiten wollen.

Zu dieser elementaren Aufgabe, die ja eine hohe Kunst ist, gesellen sich die vielfachsten Herausforderungen: die eigenen oder anvertrauten Kinder großziehen, Tiere geleiten, kleine oder große Gruppen im privaten und beruflichen Bereich führen, einzelne Personen, Teams oder ganze Organisationen groß und erfolgreich machen und zu einem sinnvollen, selbsttragenden Organismus entwickeln.

Führung ist eine fantastische, spannende und äußerst diffizile Tätigkeit, die schon immer, in jeder gesellschaftlichen Konstellation, ihre Sonnen- und Schattenseite hatte. Auch heute wartet diese Aufgabe mit unterschiedlichsten Facetten auf.

Hier eine Beschreibung direkt aus der Praxis, die mir die Personalabteilung einer Firma als Vorinformation zu einem anstehenden Workshop zusandte:

Aktuelle Herausforderungen

Unsere Führungskräfte unterliegen in diesen Monaten zahlreichen zusätzlichen Belastungen:

- Personelle Umschichtungen: Hinzukommen beziehungsweise Verlust von Mitarbeitern als Funktionsträger an die jeweils andere Unternehmensgruppe.
- Abgeben und Hinzubekommen von Aufgaben.
- Finden der eigenen Vorstellung von Führungsaufgaben bei veränderten oder erweiterten Aufgaben.
- Entwickeln eines neuen persönlichen Konzepts für den neuen eigenen Verantwortungsbereich.
- Einarbeiten der Mitarbeiter in veränderte oder erweiterte Aufgaben.
- Erkennen von Ängsten und Befürchtungen zur neuen Arbeitssituation.
- Motivation der Mitarbeitenden für die Veränderungen als Chance.
- Klärung von Schnittstellen bei Übergabe oder Übernahme erweiterter beziehungsweise anderer Aufgaben.
- Erstellen und Abstimmen von Beurteilungen und Zwischenzeugnissen.

Mit einem solchen Arbeitspaket sind viele Führende zusätzlich zu ihrem normalen operativen Arbeitsalltag konfrontiert – nicht als Ausnahmeerscheinung, sondern als Dauerzustand. Kein Wunder, dass viele unter diesen umfangreichen Aufgabenstellungen langsam in die Knie gehen.

Unsere Arbeitswelt verlangt einen Bewusstseinssprung

In den Seminaren wird mir viel berichtet. Gleich, ob die Teilnehmer die Rolle des Geschäftsführers, einer Führungskraft oder eines Mitarbeiters ausfüllen, die meisten von ihnen sprechen von einer komplexen Gemengelage in ihrem beruflichen und auch privaten Umfeld, der sie sich nur teilweise gewachsen fühlen.

Gerade von Führungskräften wird heutzutage ein ungeheures Repertoire von Fähigkeiten verlangt. Gefragt sind Kompetenzen wie souveräne Selbststeuerung, innere Festigkeit und hohe Stressresistenz, Selbstvertrauen, Flexibilität, Freude an Neuerungen, Vertrauen in Wandel, klare Werteverankerung, kreatives Denken, einfühlsame Kommunikations- und Beziehungsfähigkeit, natürliche Autorität, um Mitarbeitern in schwierigen Zeiten Halt und Ausrichtung zu schenken, Einschätzungsvermögen für die Belastbarkeit von Teammitgliedern, Prioritäten setzen können, Wesentliches von Unwesentlichen trennen können und so weiter. Welche Führungskraft wurde auf diese Aufgabe umfassend vorbereitet? Und wer findet in seinem Vorgesetzten ein klares Vorbild beziehungsweise erfährt von ihm Rückendeckung, um diesem Leistungsprofil gerecht zu werden?

Meine Erfahrung der letzten Jahre ist erschütternd und alarmierend: Egal, mit welcher Branche ich es zu tun habe, ein Drittel der Führenden erklärt mir, am Anschlag der Kräfte zu sein. Die Menschen erleben sich selbst oftmals als leer, urlaubsbedürftig, ausgepresst, überdreht, von sich selbst abgeschnitten. Diesen Leuten fällt es immens schwer, nach der Arbeit abzuschalten, manche können beim besten Willen ihre Batterien nicht mehr aufladen. Wie bei einer Autobatterie ist ihr innerer »Energiepegelstand« zu weit abgesunken, als dass sie sich selbst wieder aufladen könnten.

Einige dieser Personen befinden sich in einem täglichen Grenzgang – ihr persönlicher Kräftehaushalt schreit regelrecht nach einer Auszeit. Je mehr Verantwortung sie tragen, umso schwerer fällt es ihnen, sich dieses Bedürfnis einzugestehen. Im Gegenteil – Verantwortungsträger bemühen sich oft krampfhaft, ihren Aufgaben gerecht zu werden. Für den täglichen Geschäftsablauf eines Unternehmens hat der verdeckte Burnout einer wichtigen Führungskraft oder gar des Geschäftsführers enorme Konsequenzen. Diese Personen sind einfach nicht imstande, klare, schnelle Entscheidungen zu treffen – und das kann verheerende Folgen haben.

Ein weiteres Drittel meiner Seminarteilnehmer meint, mit der Leistungsfähigkeit noch ganz gut zurechtzukommen. Diese Leute leiden zwar auch unter einem anhaltenden Druck, der ständig Kräfte zehrt, aber sie schaffen es immer wieder, sich dieser Erschöpfung zu entwinden und sich selbst etwas Gutes zu tun.

In den meisten Fällen befindet sich tatsächlich nur ein Drittel der Klienten im Vollbesitz der Kräfte. Diese Personen strahlen Energie und Lust an ihrer Arbeit aus – manche schämen sich regelrecht dafür, dass es ihnen gut geht.

Hier nur ein kleiner Ausflug in die aktuelle Zahlenwelt, wie auch immer sie interpretiert werden mag. Meine »Feldstudien« decken sich mit groß angelegten Befragungen, die von den unterschiedlichsten Instituten initialisiert werden. Die Ergebnisse der Befragungen kristallisieren heraus, dass die Mehrheit der Beschäftigten in Deutschland im Job nicht die volle Leistung erbringen kann.

Die Personalprofis und vor allem auch die Geschäftsführer müssten aufhorchen: Psychische Erkrankungen scheinen zuzunehmen – nicht langsam, sondern schnell: Immer mehr Arbeitnehmerinnen und Arbeitnehmer werden wegen psychischer Erkrankungen arbeitsunfähig geschrieben. Entsprechend klettert die Zahl der Krankenhausaufenthalte wegen psychischer Störungen gewaltig nach oben. Das belegen der DAK-Gesundheitsreport 2016 und der Barmer GEK Report Krankenhaus 2016.

Im vergangenen Jahr hielten diese Krankheiten 16,2 Prozent am Gesamtkrankenstand aller Versicherten bei der DAK. Im Jahr 2009 hatte derselbe Anteil noch bei 10,8 Prozent gelegen.

Und diese Zahlen beziehen sich nicht nur auf dienstleistende Mitarbeiter, die am Ende der Hierarchiekette rangieren und keinen freien Handlungsspielraum haben. Schon 2007 stellte eine Umfrage des europäischen Online-Stellenmarktes StepStone, an der sich in Deutschland über 9.000 Besucher beteiligten, fest: 24 Prozent der deutschen Fach- und Führungskräfte haben mit Erschöpfungssymptomen durch Arbeitsstress zu tun.

Nahezu ein Viertel der deutschen Fach- und Führungskräfte verspürt deutlich körperliche und seelische Erschöpfungssymptome, die sich auf Arbeitsstress zurückführen lassen. Weiteren 32 Prozent geht der erhöhte Druck zunehmend an die Reserven. Demnach kommen nur 44 Prozent der Befragten mit ihrem Arbeitspensum zurecht.

Resilienz kann gezielt trainiert werden

Was es braucht, ist eine Fähigkeit, die dem Menschen aus sich selbst heraus innere Stärke und Widerstandskraft schenkt, um mit den vielfältigen Geschehnissen des Tages sowohl stabil und sicher als auch flexibel und beweglich umgehen zu können.

Diese Vitalität und Widerstandskraft kann in Einzelpersonen, Teams und Organisationen gezielt geweckt beziehungsweise trainiert werden. Seit vielen Jahren beschäftige ich mich nun schon mit dieser speziellen Form der Potenzialerweiterung – sie wurde durch die Bedürfnisse meiner Klienten in den Mittelpunkt meiner Arbeit gerückt. All meine Erfahrungen der vielen Resilienztrainings, ob für Führungskräfte, Mitarbeiter und auch Geschäftsführer, stimmen mich zutiefst optimistisch. Jeder Mensch, der sich dazu entscheidet, sich selbst besser kennenzulernen und dadurch seine Selbstwirksamkeit systematisch zu erweitern, kann ungeheure Entwicklungsschritte machen. Er muss sich nur auf einen kontinuierlichen Lernprozess einlassen und mit fröhlicher Beharrlichkeit dranbleiben. Diese Aussage beziehe ich auch auf Teams und ganze Organisationen.

Entscheidet sich ein Unternehmen dazu, sich dem Thema »Resilienz« zu widmen, besteht zu Anfang die Aufgabe, sich grundsätzlich mit der Art und Weise ihrer Zusammenarbeit auseinanderzusetzen. Denn was wir heutzutage brauchen, ist ein tief verstandenes Miteinander-, nicht Neben- oder gar Gegeneinanderarbeiten. Leider werden viele Firmen immer noch vom klassischen Zwei-Fronten-Krieg beherrscht, auch wenn er sich noch so subtil darstellen mag. Mitarbeiter stöhnen unter unrealistischen Zielen und nicht zu erfüllenden Leistungsvorgaben. Die Geschäftsführung vertritt die Einstellung, ihre Forderungen seien für das Fortbestehen der Organisation unumgänglich, und die Arbeitnehmer würden zu wenig unternehmerisches Denken demonstrieren.

Beide Seiten sollten ihre Aussagen immer wieder neu hinterfragen und aus einem größeren Verständnis für Zusammenhänge aufeinander zugehen. Denn diese internen, kraftraubenden Diskussionen mit all ihren Kollateralschäden – ständige Konflikte und Reibungsverluste, Aufbau von abgekapselten Fürstentümern, Motivationskiller, innere Kündigungen, psychosozialer Stress – können wir uns bei den extremen Herausforderungen nicht mehr leisten. Es ist ein hoher Anspruch, innerhalb globalisierter Märkte – mit all ihren ökonomischen und ökologischen Aspekten – ein nachhaltiges

Wirtschaften zu realisieren. Hierfür sollten Organisationen ihre gebündelte Kraft auf diese Aufgaben richten, anstatt sich in hausgemachten Grabenkämpfen zu verschleißen.

Veränderung beginnt im Geist

Gerade Führungskräfte auf der Bereichsleiterebene, aber auch Abteilungs-, Projekt-, Team- oder Gruppenleiter sind oftmals Stoßdämpfer zwischen den verschiedenen Anspruchsgruppen und Beteiligten einer Organisation. Leider bin ich schon vielen kompetenten, engagierten, zutiefst loyalen Führungskräften begegnet, die sich mehr und mehr zwischen den Fronten aufgerieben haben. Dies ist für die Einzelperson, aber auch für ein Unternehmen eine sehr ernst zu nehmende, da geschäftsgefährdende Entwicklung.

Organisationen sollten ihre Mitarbeiter dazu ermutigen, sich selbst differenziert wahrzunehmen und Eigenverantwortung für persönliche Leistungsgrenzen zu übernehmen. Die Gesundheit und Kreativität der Mitarbeiter, die sich aus dem physischen, emotionalen, geistigen und seelischen Potenzial eines Menschen subsumiert, sind in der Wissensgesellschaft das höchste Gut und größte Kapital. Kein Unternehmer würde seinen Maschinenpark regelmäßig bis zur Leistungsgrenze beanspruchen, da er genau weiß, zu welchen Überlastungsschäden und damit einhergehenden Konsequenzen und Folgekosten dies führt.

Wer heute gesund bleiben möchte, muss sich selbst gut kennen und steuern können. Er sollte ein Verständnis dafür haben, wie er seine persönlichen Kraftspeicher auffüllen und bis zu welcher Belastungsgrenze er sich auf Dauer einbringen kann. Viele Aspekte spielen dabei eine Rolle: Selbstorganisation und Zeitmanagement, Effizienz und Effektivität, Priorisieren, Delegieren, klares und deutliches Kommunizieren, Entscheiden, Auf-den-Punkt-kommen, Wertschätzung, Respekt vor sich selbst und anderen ...

Diese Fähigkeiten umzusetzen bedeutet ein hohes Maß an Selbstverantwortung und Eigenengagement.

Hier liegen die Krux und der Schlüssel: die Kunst, uns selbst zu managen. Das sollten und können wir lernen! Dafür gilt es, zu begreifen, dass von uns ganz neue Fähigkeiten und Kompetenzen erwartet werden, die uns bisher weder im Kindergarten noch in der Schule, weder in der Ausbildung noch an der Universität gezielt vermittelt wurden.

Das H.B.T.-Resilienztraining spricht den ganzen Menschen an

In unserem Bildungssystem wird der Verstand getrimmt, der IQ gefördert – nur für die Lösung unserer heutigen Aufgaben sollten wir Menschen die Fähigkeiten unseres gesamten Organismus trainieren und nutzen. Unsere emotionale Intelligenz (EQ) gehört genauso gefördert wie unsere ethisch-moralische und spirituelle Intelligenz (SQ) und unser ausgeprägtes, ganz natürliches, angeborenes Körperwissen. All diese Dimensionen in uns gilt es, in ihren Bedürfnissen und Fähigkeiten wahrzunehmen, zu aktivieren und gezielt miteinander auszubalancieren.

Um all diese verschiedenen Ebenen und Lebensthemen gleichzeitig abzubilden, habe ich den Human-Balance-Kompass kreiert. Mit ihm können diese verschiedenen Inhalte übersichtlich veranschaulicht werden.

Der Grundkompass zeigt den Mensch an sich, in all seinen privaten und beruflichen Entwicklungsfeldern.

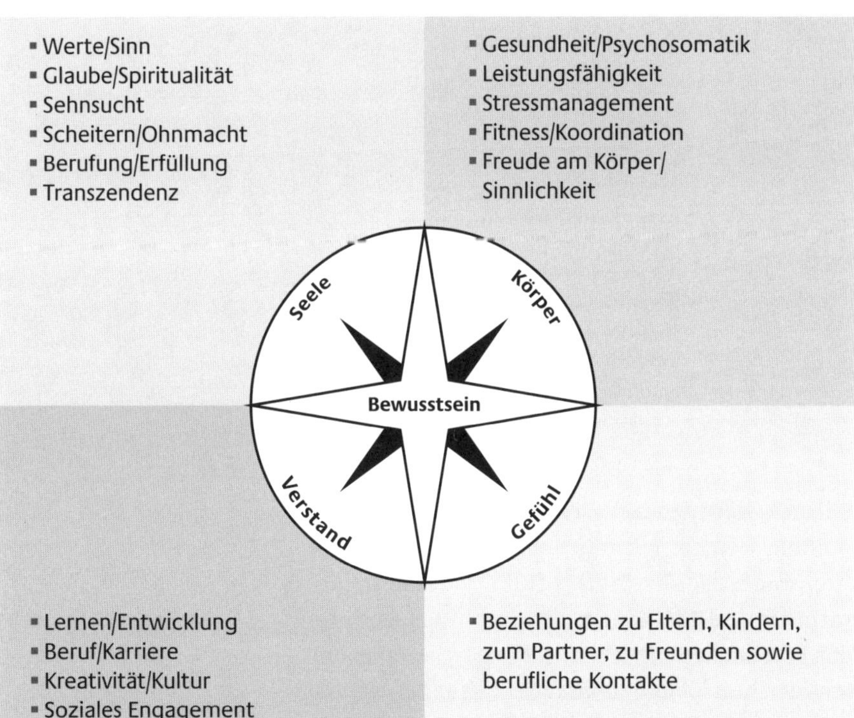

Der nächste Kompass greift die Aufgabenfelder von Führenden auf.

Klarheit in Werten

- Persönlicher Wertekatalog
- Identifikation mit Unternehmenskultur
- Authentisches Führen, Denken, Reden und Handeln
- Fairness und Gleichberechtigung
- Präsenz und Glaubwürdigkeit

Selbstführung

- Persönlicher Kräftehaushalt
- Geben und Nehmen in Balance
- Gesundheit und Fitness
- Essen, Trinken, Schlafen, Bewegung, Drogen
- Regeneration
- Stressbewältigung

Seele

Körper

Bewusstsein

Verstand

Gefühl

Kommunikation/Prozesse

- Klare Aufgabenverteilung
- Realistische Zielsetzung
- Optimierte Prozesse
- Zeitmanagement
- Effiziente Interaktion
- Strukturierte Information
- Bewusste Schnittstellen
- Meetingkultur

Soziale Kompetenz

- Respekt und Achtung
- Offene Kommunikation
- Augenhöhe in Begegnungen
- Regelmäßige Einzelgespräche
- Faire Bewertungen
- Klarheit in Absprachen, Regeln, Feedback, Kontrolle, Kritik
- Souveränität im Konflikt

Das vorliegende Buch möchte Ihnen, liebe Leserin, lieber Leser, ein praxisnahes Trainingsprogramm vorstellen, welches ich nun schon über viele Jahre erfolgreich mit meinen Klienten umsetzen kann. Das H.B.T. Human Balance Training verbindet Erkenntnisse und Methoden des Coachings und des Kommunikationstrainings, der Psychotherapie und der Körpertherapie, der west-östlichen Weisheitslehren, der Neurobiologie und der aktuellen Stressforschung. Die Zusammenführung verschiedenster Arbeitsansätze ermöglicht einen fundierten und gleichzeitig zügigen Zugang zur eigenen Person.

Literaturtipp

Sylvia Kéré Wellensiek: Handbuch Integrales Coaching (2010). Der Mensch von heute ist vielfältig herausgefordert. Um den vielschichtigen Aufgabenstellungen angemessen begegnen zu können, braucht es eine umfassende Methodik, die die Ganzheit einer Person erfasst und erschließt: das integrale Coaching. Das Konzept wird in Theorie sowie mit ausführlichen Praxisbeispielen und praktischen Übungen übersichtlich dargestellt.
Zielgruppe: Coaches, Berater, Führungskräfte, Personalberater, Personalentwickler, Trainer, Weiterbildungsinstitute.

In zehn aufeinander aufbauenden Trainingsschritten möchte ich Sie einladen, Ihre persönliche Resilienz und die Ihrer Mitarbeiter und Kollegen zu erforschen und Schritt für Schritt zu begreifen und zu erweitern.

- **Schritt 1:** Fahren Sie Ihre Organisation durch den »Resilienz-Tüv«. Überprüfen Sie Ihre Widerstandskraft, Flexibilität und Belastungsfähigkeit.
- **Schritt 2:** Pflegen Sie den persönlichen und organisationalen Energiehaushalt. Schaffen Sie Bewusstsein für die Voraussetzung von Leistungsfähigkeit.
- **Schritt 3:** Fördern Sie kontinuierlich Ihre Resilienz-Faktoren. Trainieren Sie Schritt für Schritt umfassende Souveränität.
- **Schritt 4:** Planen Sie und Ihr Team systematisch Ihre Grenzerweiterungen. Unterscheiden Sie zwischen veränderbaren und unveränderbaren Welten.
- **Schritt 5:** Wappnen Sie sich aktiv gegen Überforderung und Burnout. Verstehen Sie das feine Gleichgewicht zwischen Belastungen und Ressource.
- **Schritt 6:** Schmieden Sie Ihre Mitarbeiter und Kollegen eng zusammen. Bilden Sie tragende Netzwerke, die in Krisenzeiten Kraft spenden.
- **Schritt 7:** Fassen Sie den Mut zur Klarheit. Üben Sie, komplexe Themen differenziert zu betrachten und ehrlich zu benennen.
- **Schritt 8:** Leben Sie Resilienz im Alltag. Erweitern Sie beharrlich Ihr bisheriges Führungsverhalten.
- **Schritt 9:** Gestalten Sie Veränderungen aktiv und mit Überblick. Fördern Sie Kreativität, Verantwortung und Selbstreflexion.
- **Schritt 10:** Bewahren Sie sich neben dem Spielbein konsequent ein Standbein. Verankern Sie sich fest in Ihren Werten und Ihrer ureigenen Kraft.

Kommen Sie mit sich selbst und anderen ins Gespräch, und probieren Sie die vorgestellten Übungen einfach aus. Fangen Sie mit dem Thema an, das Ihnen leicht fällt, Spaß macht oder Sie aktuell gerade anspricht.

In diesem Sinne wünsche ich Ihnen viel Freude mit meinen Berichten, die direkt der Praxis entspringen.

Dank

Als Erstes möchte ich mich bei meiner hochgeschätzen Lektorin Ingeborg Sachsenmeier bedanken, die mich immer wieder hervorragend begleitet. In den letzten Jahren konnten wir gemeinsam viele Publikationen zum Thema herausbringen, die unsere vielfältigen Resilisenztrainings bestens unterstützen und bereichern. Dank an meine Interviewpartner Willy Graßl, Stefan Glowazc und Professor Gerald Hüther, vielen Dank auch an Heinold Pider für die interessanten, anregenden Gespräche.

Einen ganz besonderen Dank sende ich nach St.Ulrich ins Grödnertal an das Künslerehepaar Claudia und Wilhelm Senoner. Die wunderbaren Bronzeskulpturen von Wilhelm Senoner konnten mein Mann und ich das erste Mal in luftiger Höhe auf dem Bergkamm der Raschötz bewundern. Sofort waren wir von den kraftvollen Figuren, die eine geheimnisvolle Ruhe und Konzentration ausstrahlen, berührt und begeistert. Die persönliche Begegnung mit dem Künstler, seine tiefgehenden Gedanken und Ausführungen haben mich fasziniert, da sie so trefflich zum Thema Resilienz passen. Seine Figuren sind Ausdruck intensiver Lebenserfahrungen und einer permanenten Weiterentwicklung: Menschen, die trotz oder durch alle Widerstände hindurch ihre individuelle Form, ihr Profil mit Ecken und Kanten gefunden haben. Trotz Gegenwind, der sie immer wieder aus dem Gleichgewicht bringen kann, sind sie erfüllt von einer inneren Kraft, die die Gesetze der Gravität zu überwinden scheint. Jeder Mensch muss seinen eigenen Weg finden – und braucht dazu viel Beharrlichkeit, Mut und Geduld. Der Mann mit dem Drachen steht einfach da und wartet bis die günstigen Winde kommen, mithilfe derer er sein Fluggefährt in den Himmel steigen lassen kann. Wilhelm Senoner lädt ein, innezuhalten und genau hinzuschauen – welche Freude, dass seine Kunst die Inhalte dieses Buchs begleiten.

SCHRITT 1:
Fahren Sie Ihre Organisation durch den »Resilienz-TÜV«

»Was wir brauchen sind Antworten. Antworten, wie Organisationen veränderungsfähig werden können. Antworten darauf, wie Menschen in Zukunft zusammen arbeiten [...] wie sie Erfolg definieren. Zu den Gewinnern werden diejenige Unternehmen zählen, die Antworten finden. Und zwar schnell.«

Anja Förster und Peter Kreuz (2010, S. 16)

Überprüfen Sie Ihre Widerstandskraft, Flexibilität und Belastungsfähigkeit

Eine mobile Welt verlangt viel Kraft

Steter, schneller Wandel – mit all seinen Begleiterscheinungen – ist in den meisten Organisationen zum Thema Nummer eins geworden. Lebenslanges Lernen ist kein beliebiges Schlagwort mehr aus Unternehmenskulturbroschüren. Nein, es ist eine Fähigkeit, die allerorten verlangt wird. Viele Organisationen, Teams oder Projektgruppen sind einer ständigen Umgestaltung unterworfen, und alle beteiligten Personen sind aufgefordert, Veränderungen aktiv und konstruktiv mitzugestalten. Heute ist jeder von uns aufgerufen, zum Thema »Veränderung« eine bewusste, möglichst positive Haltung einzunehmen. Dabei gibt es den klassischen Changeprozess aus meiner Sicht gar nicht mehr, denn dieser hatte einen klar definierten Anfang und ein absehbares Ende. Heute gehen die meisten Entwicklungsprozesse nahtlos ineinander über und hinterlassen das Gefühl, auf ewiger Schiffsreise zu sein, ohne sich jemals einem Hafen zu nähern.

Gerade diese Perspektive der unendlichen Wellen, die drängend gegen die Schiffswand rollen, raubt sowohl Führenden als auch Mitarbeitern die Nerven. Denn viele agieren noch aus einem alten Mindset heraus: Sie betrachten und bewerten die Ereignisse mit einer Brille, die in den letzten Jahrzehnten deutscher Arbeitswirklichkeit entstanden ist. Früher hatte man noch die Chance, Projekte nacheinander abzuwickeln und zwischendrin eine Verschnaufpause einzulegen. Man rechnete damit, dass auf große Anstrengung auch eine Phase der Erholung folgen würde. Besondere Aktionen und Spitzenphasen von Belastung konnten oftmals mit Erfolg, Wertschätzung und Stolz abgeschlossen werden – das ließ das Stressempfinden sofort wieder nach unten gleiten. Somit fanden Anspannung und Entspannung eine ausgleichende Ordnung, die den Kräftehaushalt von Mensch und Organisation immer wieder regenerierte.

Diese Welt existiert aber nicht mehr. Heute sind alle Unternehmen einem unnachgiebigen Wettkampf ausgeliefert. Auf den globalen Gewässern sind wendige Schnellboote unterwegs, die sich hochflexibel an Marktveränderungen anpassen können. Deutsche Firmen, ausgestattet mit höchstem Qualitätsmanagement und ausgeklügelten Prozessketten, die in vielen Fällen für Marktführerschaft sorgten, bewegen sich wie große Tanker. Stabil, aber behäbig.

Um eine Einzelperson, ein Team oder eine ganze Firma flexibler, stärker, schneller und belastungsfähiger zu machen, gilt es, zunächst das Gesamtgefüge in all seinen Wechselwirkungen genau anzuvisieren. Natürlich hat dafür niemand Zeit. Und dennoch ist es von hohem Nutzen.

Signale erkennen und ernst nehmen

Eine wichtige Führungskraft baut ab

Vor einigen Monaten rief mich der Geschäftsführer eines mittelständischen Maschinenbaubetriebs an. Er äußerte sich besorgt über den Zustand eines seiner wichtigsten Bereichsleiter. Der Mann war schon seit 20 Jahren im Betrieb und hatte die Organisation maßgeblich mit aufgebaut. Gerade er, der die Firma durch und durch kennt und zu allen Kollegen und Kunden einen guten Draht hat, fiel in seinem Engagement und seiner Leistungsfähigkeit seit zwei Jahren kontinuierlich ab. Zunächst war dies kaum spürbar, weil der Mann sehr routiniert all seine Tätigkeiten erledigte. Aber in den wöchentlichen Gesprächsrunden zeichnete sich zunehmend ab, dass er sich weniger einbrachte beziehungsweise öfters vehement, fast aggressiv einen Strategiewechsel von der Geschäftsleitung einforderte.

Zu diesem Kurswechsel waren der Unternehmenslenker und seine Vorstandskollegen aber nicht bereit. Sie hatten sich vor zwei Jahren zu der Entwicklung einer neuen Produktkette entschieden, die nun massiv das seit vielen Jahren erfolgreiche Kerngeschäft belastete. Die Geschäftsleitung sah diese Zusatzbelastung natürlich auch, aber sie war überzeugt davon, dass die Firma ihre Wettbewerbsfähigkeit nur durch eine Produkterweiterung bewahren könnte.

Auseinandersetzungen gehörten in den vielen Jahren ihrer Zusammenarbeit schon immer dazu. Vielfach hatten sie im erweiterten Vorstandskreis über ihre Geschäftsstrategien debattiert – nicht immer harmonisch, aber letztendlich doch respektvoll und freundschaftlich. Dieses Mal sei es anders gewesen. Es herrschte ein anderer Ton zwischen ihnen: rauer, unnachgiebiger, genervter. Und der Bereichsleiter wollte in seiner Argumentation partout nicht locker lassen.

Er meinte, nicht nur er, sondern viele seiner Kollegen seien am Rande der Kräfte, und diese permanente Überforderung würde sich massiv auf das Arbeitsklima auswirken. Er sah ihre gesamte Unternehmenskultur wanken – und das wolle er nicht einfach so akzeptieren.

Nach seinen Ausführungen beauftragte mich der Geschäftsführer interessanterweise nicht mit einem Einzelcoaching für seinen Bereichsleiter, sondern er fragte mich, ob ich mit ihm und seinen Vorstandskollegen einen Tag Standortbestimmung realisieren könnte. Er fühlte sich mit der gesamten Situation nicht mehr wohl und wollte einmal genauer hinschauen, was eigentlich los war. Sie hatten eine Gesamtbetrachtung der harten und weichen Faktoren ihrer Unternehmenssituation noch nie vorgenommen. Es war aus ihrer Sicht nie nötig gewesen, da die Geschäfte prächtig liefen. Nun war er sich seiner Sache aber nicht mehr ganz so sicher. Ich freute mich, dass er den deutlichen Signalen seines verdienten, loyalen Bereichsleiters Aufmerksamkeit schenkte, und wir verabredeten einen Termin.

Leider noch die Ausnahme

Das Telefonat war für mich eine Wohltat, denn in vielen Fällen entwickeln sich solche Gespräche in eine gänzlich andere Richtung. Wie ich es schon angedeutet habe, besteht in vielen Organisationen eher der Reflex, erlahmende Mitarbeiter, die nicht ordentlich mitziehen, zunächst einmal aus dem Verkehr zu ziehen, um sie wieder funktionstüchtig zu machen. Im schlimmsten Fall werden solche Personen, gleich welche Rolle oder Funktion sie bisher bekleidet haben, auf geschickte Weise ausgetauscht. Damit verpasst der Vorgesetzte, die große Chance zu überprüfen, warum sein Mitarbeiter Energie verliert. Und ob dieses Phänomen auf Dauer nicht nur eine Person, sondern auch weitere Personen betreffen könnte.

Dieses Spiel »Wer nicht mehr kann, muss gehen« funktioniert bei uns Deutschen leider besonders gut. Durch unsere gesellschaftliche Vorprägung sind uns Leistungsdenken und höchster Perfektionsanspruch tief eingebrannt. Wer ausschert und bekennt, dass ihm langsam die Kräfte schwinden, befindet sich schlagartig im Zwei-Fronten-Krieg. Zum einen muss er mit seinem eigenen schlechten Gewissen und seinen unerfüllten Ansprüchen an sich selbst zurechtkommen. Und dann hat er es oftmals mit Kollegen und Vorgesetzten zu tun, die ihn rasch in der Schublade »nicht genügend belastungsfähig« verschwinden lassen. Das geht leider ganz schnell.

Auffallend ist, dass es sich bei vielen der betroffenen Personen um besonders engagierte, fleißige, zuverlässige Mitarbeiter handelt, die für ein Unternehmen sehr wichtig sind. Natürlich gibt es auch immer wieder Simulanten, die sich unter dem Deckmantel des armen, ausgenutzten Packesels ein Schonprogramm erwirken möchten. Aus meiner Erfahrung sind diese Fälle aber verschwindend wenige. In all meinen Kursen habe ich es mit Menschen zu tun, die ihren Job zutiefst ernst nehmen. Sie setzen sich ein, wollen Projekte nach vorne bringen, knüpfen Netzwerke, packen Konflikte an, erkennen anfallende Aufgaben und geben alles, um sie zum Wohle des Unternehmens zu lösen. Oftmals sind es gerade diese Mitarbeiter, die unternehmerisch denken und sich Verantwortung aufbürden. Sie weichen nicht aus, sondern bleiben stehen und gehen Dingen auf den Grund.

Diese Personen sitzen quasi in einer Falle. Da die äußeren Ansprüche – beruflich wie privat – ständig steigen und gleichzeitig ihr innerstes Verantwortungsgefühl sie dazu zwingt, jede Aufgabe sorgfältigst abzuarbeiten, befinden sie sich in einer Sackgasse. Alleine finden sie kaum den Ausgang. Eine Erkrankung ist oftmals die einzige Möglichkeit, um aus ihrer Hilflosigkeit auszubrechen. Burnout fungiert als Ventil, um dem Umfeld klar zu machen, dass man einfach nicht mehr kann. Anstatt frühzeitig Worte und Argumente zu finden, um auf den Zustand deutlich hinzuweisen, spricht der Körper, um unverrückbare Tatsachen zu schaffen. Somit umgehen diese Menschen zunächst unangenehme Auseinandersetzungen, aber alle Beteiligten haben dafür einen immensen Preis zu zahlen.

Muss das denn sein?

Ein Mitarbeiter, der wegbricht, ist immer ein stummes Ausrufezeichen, dass er und sein umgebendes System nicht mehr zusammenpassen. Natürlich hat dieses Geschehen viele verschiedene Gründe und Ursachen, die sich oftmals über Jahre aufbauen. Meine Beobachtungen laufen immer auf das Gleiche hinaus: Ein erschöpfter Mitarbeiter zeigt wie ein Lackmuspapier, dass im ganzen System etwas nicht stimmt. Vielleicht ist er persönlich stressanfälliger oder sensibler als andere. Vielleicht bekommt er besonders viele Arbeitspakete aufgeladen und kann nicht Nein sagen. Vielleicht hat er auch familiäre Sorgen und Spannungen auszuhalten, die seine Stimmungslage mit eintrüben. Wie auch immer die Gemengelage sein mag – bei genauerer Betrachtung offenbart sich recht schnell, dass dieser Mensch ein wichtiges Glied einer Kette ist. Sein »Auseinanderbrechen« sagt enorm viel über das Zusammenwirken dieser Arbeitsgemeinschaft. Und es hat Konsequenzen für die gesamte Kette, das ganze Netzwerk.

Von daher ist es für einen Unternehmenslenker ungemein wichtig, Leistungsschwankungen gerade bei seinen Führungskräften genau zu hinterfragen. Er kann davon ausgehen, dass diese Personen nicht aus »Jux und Dollerei« ihr Unbehagen zum Ausdruck bringen. Genauso wichtig ist es, dass Führungskräfte sich klar und deutlich positionieren und ihre wesentlichen Beobachtungen aus dem operativen Geschäft unmissverständlich zum Ausdruck bringen. Dies kann nur gelingen, wenn Erschöpfungssymptome wertfrei und ohne Vorurteile sowie Stigmatisierung wahrgenommen und möglichst sachlich ausgewertet werden. Zu diesem interessierten, offenen, wertfreien Forschen möchte ich einladen. Nur wer eine saubere Ursachenforschung betreibt, kann zu den Wurzeln von Geschehnissen vordringen.

Hierzu folgt zur Veranschaulichung eine kleine Geschichte aus dem Extremsport. Ich begleite immer wieder Leistungssportler und ihre Trainer durch Entwicklungsprozesse und habe dabei große Freude, durch genaues Zuhören und Abschauen ständig dazuzulernen.

Der fehlende Löffel

Stefan Glowacz, ein beeindruckender Extremkletterer und Expeditionsleiter, erzählte einmal folgende Geschichte: Er und sein sechsköpfiges Team brachen zu einer anspruchsvollen Besteigung in Patagonien auf. Bevor sie ihr Ziel, die Nordwand des Cerro Murallòn, erreichten, mussten sie viele Kilometer in der Wildnis durch Eis und Schnee zurücklegen. Ihr gewaltiges Gepäck trugen sie im Rucksack und zogen es auf Schlitten hinter sich her. Natürlich war jedes Teil, das sie mit sich trugen, genau abgezählt, um möglichst jedes Gramm zu sparen.

Einer der Bergsteiger bemerkte am ersten Abend, dass er vergessen hatte, seinen Löffel mitzunehmen. Das Team lachte nur und meinte, das wäre ein kleines Problem, sie würden sich abends mit dem Essen rundum abwechseln. Gesagt, getan! Die Crew zog bei bester Stimmung los und kam gut vorwärts. Irgendwann brach ein fürchterlicher Schneesturm über sie her, durch den sie sich tagelang durchkämpfen mussten. Am Abend gruben sie sich erschöpft Schneehöhlen oder seilten sich in Gletscherspalten ab, um die Nacht zu überstehen.

Die Stimmung im Team veränderte sich zusehends. Der Ton unter ihnen wurde angespannt und gereizt. Stefan, als Expeditionsleiter, verwunderte das. Er kannte seine Kollegen bestens und wusste, dass ein Schneesturm sie kräftemäßig angriff, aber normalerweise nicht vehement auf ihre Stimmung einwirkte. Er ahnte, dass es so auf keinen Fall weitergehen konnte. Eine gereizte Kommunikation konnte verheerende Folgeerscheinungen mit sich bringen. Er bemühte sich sehr, seinen eher schweigsamen Freunden den wahren Grund ihrer Gefühle zu entlocken. Einer platzte letztendlich mit der Wahrheit heraus: »Es ist lächerlich – aber es nervt mich total, dass der blöde Löffel fehlt. Wir alle haben abends so einen Bärenhunger und müssen immer wieder warten, nur weil einer sein Gepäck nicht im Griff hat. Ich ärgere mich am meisten über mich selbst, dass es mich so stört.«

Mit dieser ehrlichen Antwort bereinigten sich die atmosphärischen Störungen schlagartig. Der vergessliche Kollege entschuldigte sich und wartete an Extremtagen abends, bis er dran kam – und alle anderen hatten wieder einmal gelernt, wie ungemein wertvoll eine klare, direkte Kommunikation ist. Stefan sagte, dass er über die vielen Jahre seiner Extremtouren quasi gezwungen wurde, auf die körperlichen und emotionalen Stimmungen von sich selbst und seinen Kollegen genauestens zu achten. Jede Unternehmung setzt sich aus tausend Details zusammen, und sie alle wirken auf den Gesamterfolg mit ein. Welche dieser Kleinigkeiten auf sachlicher oder menschlicher Ebene schlussendlich entscheidend ist, kann von vornherein nicht gesagt werden. Es gilt, alles gleichzeitig im Auge zu behalten und in seiner Wechselwirkung aufmerksam zu beachten. Und da es am Berg ständig um alles geht – Leben, Gesundheit, Absturz oder Gipfelglück – hat er höchste Motivation, all seine Erkenntnisse konsequent umzusetzen. Fehler zu machen, gehört dazu – aber Wiederholungstäter zu werden, ist leichtsinnig.

Wo liegt also der Löffel in Ihrem Leben, in Ihrem Team, in Ihrer Organisation begraben? – Kommen Sie mit auf Spurensuche!

Der Unternehmens-TÜV: Sachliche und menschliche Faktoren gleichermaßen beachten

Wer einem Problem wirklich auf den Grund gehen möchte, sollte also viele verschiedene Aspekte miteinbeziehen, die auf diese Angelegenheit mit einwirken.

Zunächst wähle ich folgendes Bild: Wir Menschen stehen auf zwei Beinen, eine Organsiation auch. Das eine Bein symbolisiert die sachlichen Faktoren, die berühmten Zahlen, Daten, Fakten, die alle messbar und sichtbar sind. Das andere Bein repräsentiert die menschlichen Komponenten, die Kultur eines Unternehmens, die Arbeitsatmosphäre, die Fühungsqualität, das Vertrauen untereinander, die gegenseitige Wertschätzung, die individuelle Selbsteuerung und vieles mehr. Letztendlich müssen beide Beine gleich stark ausgeprägt sein, gleich lang gewachsen – sonst humpelt die ganze Unternehmung.

Oftmals wirkt das Problem, wie auch im beschriebenen Fall, als ein menschliches Handicap. Ein Bereichsleiter sagt, er kann nicht mehr. Man könnte denken, das sei sein Problem – der Mann muss lernen, besser mit sich umzugehen. Ja, das ist auch so. Gleichzeitig muss er an seinem Arbeitsplatz Bedingungen vorfinden, die ihm eine ausbalancierte Lebensführung überhaupt ermöglichen. Und jetzt wandert die Spurensuche auf das andere Bein. Wie steht es um den Organisationsaufbau? Wie eingespielt sind die Prozesse? Inwieweit arbeiten Abteilungen zusammen, bedienen sich interner Schnittstellen? Existieren gut strukturierte Informationskanäle? Wie effizient verlaufen Meetings?

Wer eine genaue Standortbestimmung vornimmt, beginnt viele verschiedene Aspekte wie auf einen großen Tisch zu legen. Details, die im schnellen Arbeitsalltag oft unter den Tisch fallen, finden in diesem Kontext Beachtung. Auch Themen, die etwas heikel anzusprechen sind, bis hin zu Tabuthemen, die keiner anfassen möchte, können bei einem Unternehmens-Tüv möglichst sachlich und emotionsfrei inspiziert werden. Wer die Widerstandskraft und Belastungsfähigkeit seiner Organisation verstehen möchte, wird mehr und mehr Interesse daran finden, mit Klarheit und Wahrheit ans Werk zu gehen.

Klare Strukturen helfen bei der Betrachtung

Damit in der Fülle der Details der Überblick nicht verloren geht, arbeite ich während der Standortbestimmung immer mit den Human-Balance-Kompassen. Sie dienen stets als Erinnerung, differenzierten Zusammenhängen nachzuspüren.

Neben dem persönlichen Kompass (s. S. 25) und seiner Abwandlung für die Führungskraft (s. S. 26) habe ich auch einen Organisations-Balance-Kompass entworfen, den Sie auf der nächsten Seite finden.

Spirit und Unternehmenskultur

- Gelebte Werte
- Visionen
- Zuverlässigkeit
- Verantwortung
- Transparenz
- Identifikation

Gesundheit und Life-Balance

- Persönliche Entwicklung jedes Mitarbeiters
- Leistungsfähigkeit
- Fitness
- Stressmanagement
- Burnout-Prävention

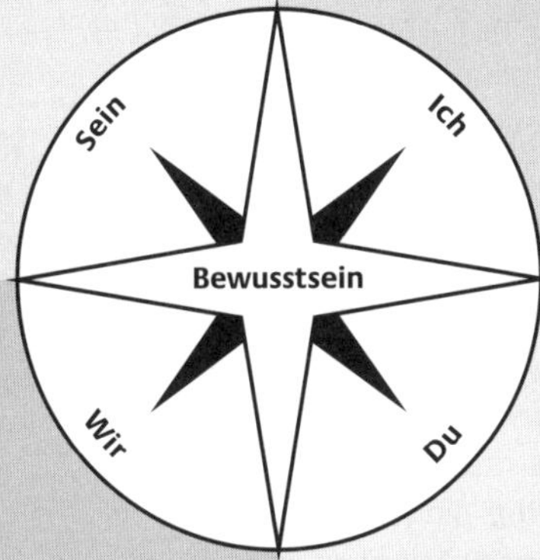

Kommunikation und Prozesse

- Strukturierte Informationsketten
- Bewusste Kommunikation
- Organisationsentwicklung, Personalmanagement
- Qualitätsmanagement
- Wissensmanagement

Beziehung und Führung

- Kundenzufriedenheit
- Interaktion zwischen Mitarbeitern, Führungskräften, Vorgesetzten
- Arbeitsatmosphäre
- Teamspirit

Dieser Kompass ist immens hilfreich, um die Querverbindungen zwischen einzelnen Themenbereichen aufzuzeigen. Oftmals exisitieren in Unternehmen Teilziele, die sich im großen Ganzen gesehen gegenseitig behindern und schwächen.

Dieser systemische Blick eignet sich für die Analyse der gegenwärtigen Situation, kann aber natürlich auch nach hinten, in die Vergangenheit, gerichtet oder nach vorne für zukünftige Ausrichtungen genutzt werden.

Die folgenden Übungen zeigen die verschiedenen Möglichkeiten auf, in eine erste, unkomplizierte Standortbestimmung einzutreten. Führungskräfte können sie als Anregung aufgreifen, um sich gemeinsam im Kollegenkreis, mit ihren Mitarbeitern oder auch mit ihren Vorgesetzten einen

Überblick über Ressourcen und »Baustellen« zu verschaffen. Die Auswahl oder Reihenfolge der Übungen hängt von der jeweiligen Situation ab. Jede der Übungen bietet eine wunderbare Möglichkeit, um miteinander ins Gespräch zu kommen und eine sorgfältige Bestandsaufnahme vorzunehmen.

Übung: Die Unternehmensampel

Einführung

Die meisten Mitarbeiter einer Organisation haben ein recht gutes Gespür sowohl für die besonderen Kompetenzen als auch für die Einschränkungen der eigenen Firma beziehungsweise der eigenen Abteilung oder des eigenen Teams. Auf die Fragen (nach dem Ampelprinzip):

- Was läuft bei euch gut (grün)?
- Wo seht ihr euch in einer guten Mitte aufgestellt (gelb)?
- Was erscheint euch verbesserungswürdig (rot)?

werden zumeist klare und realistische Einschätzungen abgeliefert. Mithilfe dieses simplen Untersuchungsformats kommen die Teilnehmer locker ins Gespräch und tauschen sich zunächst über Inhalte aus, die ihnen zumeist schon geläufig sind. Zwei weitere Fragen präzisieren die Wahrnehmung und leiten die Aufmerksamkeit auf Themen, die vielleicht bekannt, aber bisher nicht offen angesprochen wurden.

Ziel

Erste Bestandsaufnahme zum Thema »Unternehmensresilienz« unter Berücksichtigung der menschlichen und sachlichen Faktoren. Ausarbeitung der Stärken und Schwächen der jeweiligen Verantwortlichen.

Material

Flipcharts, Pinnwände, Stifte, Papier.

Möglichkeit zur Kleingruppenarbeit

Die Übung eignet sich besonders für Gruppenarbeit. Idealerweise stellt sich pro Pinnwand eine Gruppe von vier bis fünf Personen zusammen. In der Regel überlasse ich es den Teilnehmern selbst, in welcher Konstellation sie sich zusammenfügen möchten. Ich weise aber darauf hin, dass die Diskussion ertragreicher wird, wenn sich Personen mit unterschiedlichen Blickpunkten und Erfahrungswerten zusammenfinden und offen diskutieren.

Übungsablauf

Schritt 1: Befestigen Sie auf der Pinnwand ein großes Papier und beschriften Sie es mit sechs Feldern:

	menschlich	fachlich
verbesserungswürdig (rot)		
gute Mitte (gelb)		
läuft gut (grün)		

- Menschliche Ebene: läuft gut
- Menschliche Ebene: gute Mitte
- Menschliche Ebene: (dringend) verbesserungswürdig

- Sachliche Ebene: läuft gut
- Sachliche Ebene: gute Mitte
- Sachliche Ebene: (dringend) verbesserungswürdig

Schritt 2: Gehen Sie mit Ihrem Team folgenden Fragen nach:

- Welche menschlichen und sachlichen Aspekte fallen uns zu den Themen »Widerstandskraft, Flexibilität und Belastungsfähigkeit« ein?
- In welchen Bereichen sehen wir das Unternehmen gut oder sogar hervorragend aufgestellt, bei welchen Inhalten bewegt es sich im mittleren Bereich, und wo gibt es dringenden Verbesserungsbedarf?

Schritt 3: Nehmen Sie sich Zeit zur Diskussion und notieren Sie alle Gedanken und Empfindungen zu den verschiedenen Rubriken. Alle wesentlichen Blickpunkte werden aufgenommen, auch wenn sich das Team nicht immer einig sein mag.

Schritt 4: Sobald diese Facetten umfassend bearbeitet worden sind, widmen Sie sich einer weiteren Frage:

- Gibt es in unserer Organisation »No-gos«?

Zum Beispiel: Es werden immer wieder unrealistische Ziele ausgegeben, die die Mitarbeiter selbst bei höchstem Einsatz nicht erreichen können. Diese Handhabung ist nicht zielführend und auf Dauer zutiefst frustrierend. Notieren Sie Ihre Gedanken hierzu auf dem Flipchart.

Schritt 5: Nun gehen Sie im Austausch noch einen Schritt weiter: Gibt es in unserer Firma Tabuthemen? Auch hierzu schreiben Sie bitte die Eindrücke nieder.

Schritt 6: Die Ergebnisse aus den Kleingruppen werden jetzt in der großen Runde vorgestellt. Dabei kann die ganze Gruppe nach vorne treten und präsentieren – oder jeweils eine Person aus der Arbeitsgemeinschaft. Zumeist kommt es zu einem regen Austausch über die einzelnen Wahrnehmungen. Sowohl Übereinstimmungen als auch Abweichungen in der Betrachtung treten zutage.

Schritt 7: Die Übung kann folgendermaßen fortgesetzt werden: Die Kleingruppen finden sich wieder zusammen, priorisieren und detaillieren ihre Beschreibungen. Defizite und Störfelder werden präzise herausgearbeitet und die jeweiligen verantwortlichen Personen beziehungsweise Teams oder Gremien festgelegt. Im nächsten Schritt widmet sich die Gruppe den Fragen:

- Wohin möchten wir uns entwickeln?
- Was ist unsere Ausrichtung?

Erste mögliche Maßnahmen können beschrieben und zusammengetragen werden. Auch diese Ergebnisse werden in der großen Runde plakatiert und diskutiert.

Tipps für Führungskräfte

Motivieren Sie Ihre Mitarbeiter, sich konstruktive Gedanken über die Qualität ihrer Zusammenarbeit zu machen. Hören Sie diesen Beobachtungen und Reflexionen aufmerksam zu, und nehmen sie sie ernst. Unterstützen Sie bei guten Anregungen die zeitnahe Umsetzung. Aber: Sie sind nicht dazu da, die Probleme anderer zu übernehmen und sich dadurch zu überladen. Sie sollten die Lösungskompetenz der Mitarbeiter aktiv fördern und sie somit zu Entscheidern machen.

Wesentlich ist die konsequente Umsetzung der besprochenen Erkenntnisse. Dazu braucht es klare Maßnahmenpläne, in denen detailliert festgelegt wird, wer die Verantwortung übernimmt, welcher Zeitplan eingehalten wird, in welcher Form kontrolliert, nachgesteuert und kommuniziert wird. Dies gilt gleichermaßen sowohl für fachliche/strukturelle Themen als auch für menschliche/kommunikative Entwicklungsfelder. Diese klare, unmissverständliche Festlegung und Verschriftlichung ist die Voraussetzung um beständig auf Kurs zu bleiben.

Miteinander warmlaufen ist wichtig

Mit diesem einfachen Übungsaufbau, der es letztendlich doch schon in sich hat, habe ich als »Warming-up-Phase« beste Erfahrungen gemacht. Eine solche Warming-up-Phase ist auch in Teams, die sich kennen, ein guter Start in den Unternehmens-Tüv. Die Teilnehmer können frei ihre Gedanken fließen lassen und aus sich heraussprudeln – viele nutzen den Rahmen, um Dinge anzusprechen, die ihnen schon lange unter den Nägeln brennen. Da in den Kleingruppen jede Person zu Wort kommt, werden die gesamten Perspektiven gebündelt und miteinander abgeglichen. In den meisten Fällen kommt es in der Betrachtung zu großen Übereinstimmungen, oftmals ringt die Firma schon lange mit bestimmten Problemen, die sie bisher nicht lösen konnte. Besonders spannend ist dabei die Verteilung beziehungsweise die Verflechtung von menschlichen und sachlichen Aspekten.

Die zwei vertiefenden Fragen im siebten Schritt bringen auf jeden Fall Leben in die Arbeit an der Unternehmensampel. Spätestens beim Thema »Tabu« werden alle wach im Raum. Manchmal werde ich von Mitarbeitern gebeten, diese bisher verschwiegenen Themen auf ein Extrablatt zu schreiben und quasi neutral, aus meiner Autorität heraus, der Geschäftsführung zu unterbreiten. Der Bitte entspreche ich und vertiefe im Folgenden das Thema »Offenheit versus Angst und Strafe«. Sie als Führungskraft können diese Rolle als Überbringer einer Nachricht natürlich auch übernehmen. Passen Sie aber auf, dass Sie sich als Stoßdämpfer zwischen Vorgesetzten und Mitarbeitern nicht aufreiben lassen.

Die Unternehmensampel hat die Funktion eines großen Fischernetzes, mit dem zunächst alle Gedanken und Empfindungen eingefangen werden, die im Raum schweben. Im weiteren Verlauf werden die einzelnen Facetten aus der Perspektive der Ursache-Wirkungs-Kette genauer angeschaut. Schritt für Schritt kommt es zu einer Differenzierung. Die Teilnehmer ordnen ihre Wahrnehmungen, entwickeln daraus erste Maßnahmen und priorisieren diese. Während dieser ersten Dialogrunde erproben die Teilnehmer ihre Fähigkeit zu offenem Austausch. Voraussetzung für ein ehrliches Gespräch ist natürlich das gegenseitige Vertrauen, sodass kritische Beiträge nicht abgewertet oder gar bestraft werden.

Die nun folgende Übung wendet sich der gemeinsam erlebten Vergangenheit zu.

Übung: Die Unternehmenslinie

Einführung

Nach dieser aktuellen Bestandsaufnahme kann es hilfreich sein, sich näher mit der Entwicklungsgeschichte des Unternehmens zu beschäftigen. Gerade in Organisationen, in denen viele Menschen schon mehrere Jahre lang zusammenarbeiten, haben sich emotionale Gepäckstücke angesammelt, die es liebevoll zu entrümpeln gilt. Zudem ist es interessant zu erfassen, in welcher Phase des Lebenszyklus sich das Unternehmen gerade befindet. Ähnlich wie ein Mensch durch verschiedene Lebens- und Vitalitätsphasen wandert, bewegen sich auch Organisationen durch wechselnde Zeitstufen, in denen sich Widerstandskraft und Flexibilität verschieden offenbaren. Folgende charakteristische Phasen können bei einem Unternehmen herausgefiltert werden.

- **Die Zeit der Ideensammlung:** Sie ist geprägt ist von Kreativität, Enthusiasmus und sprühender Energie.
- **Der Aufbau:** Dieser geht einher mit großem Engagement und Einsatz für die Sache, jeder unterstützt jeden, alles ist möglich, Stress wird nicht als Belastung, sondern als Inspiration wahrgenommen.
- **Der Erfolg:** In dieser Phase wächst und gedeiht die Organisation. Kooperation, Innovation und Flexibilität entfalten sich ganz natürlich, zwischen den Abteilungen existieren starke Vernetzungen, Geschwindigkeit entsteht durch Vertrauen und direkten, unkomplizierten Informationsaustausch.
- **Kontinuierliches Wachstum:** Die Organisation steht stabil da, aber auch folgende Faktoren spielen eine Rolle: eingespielte Prozesse, wachsende Bürokratie, starke informelle Strukturen, Bildung von einzelnen Fürstentümern, abnehmende Innovationen, wachsendes Sicherheitsdenken, emotionale Sattheit, Anspruchshaltung.
- **Die Gefahr der Erstarrung:** Durch verfestigte Strukturen kann es dazu kommen, dass keine Kreativität mehr gestattet wird, starkes Neben- beziehungsweise Gegeneinanderarbeiten stattfindet, sich Resignation einschleicht, Dienst nach Vorschrift gemacht und Energie intern verschlissen wird.
- **Die Auflösung:** Es erfolgen letzte Versuche der Reorganisation, Verlust der Kunden, Mitbewerber ziehen vorbei, Insolvenz droht.

Diese Beschreibung ist wie jede Art der Systematisierung eine Vereinfachung.

Ziel

Bildliche Visualisierung der Unternehmensentwicklung auf sachlicher und menschlicher Ebene. Abgleich der verschiedenen Betrachtungen, Möglichkeit zu tieferem Austausch über persönliche Erfahrungen, Erinnerungen, Muster und Prägungen.

Material
Kreppbänder, Seile, Moderationskarten.

Möglichkeit zur Kleingruppenarbeit

Die Übung kann alleine, zu zweit oder zu dritt absolviert werden. Jeder der Gruppenteilnehmer legt sein eigenes Schaubild, danach kommt es zu einem Austausch in der Kleingruppe. Die einzelnen Gruppen können sich gegenseitig »besuchen«, sich ihre auf dem Boden ausgebreiteten Bilder zeigen und von ihren Erfahrungen berichten.

Übungsablauf
Schritt 1: Legen Sie sich mit dem Kreppband eine Zeitschiene, die die bisherigen Lebensjahre des Unternehmens abbildet. Mithilfe der Moderationskarten können Sie Jahreszahlen vermerken. Diese Zeitschiene erzeugt auch eine imaginäre Mittellinie, um die herum Sie die drei Seile platzieren.

Schritt 2: Das erste Seil dokumentiert die Entwicklungsgeschichte des Unternehmens auf Zahlen-Daten-Fakten-Ebene. Mit dem Seil können Sie die Höhen und Tiefen der Firmengeschichte abbilden und auch weitere Besonderheiten vermerken.

Schritt 3: Das zweite Seil symbolisiert die Entwicklung des Unternehmens auf menschlicher Ebene. Wie hat sich aus Ihrer Sicht die Kultur der Organisation entfaltet? Bilden Sie auch hier die von Ihnen empfundenen Zyklen »schwungvoll« ab.

Schritt 4: Mit dem dritten Seil stellen Sie die von Ihnen wahrgenommene Resilienz des Unternehmens – aus dem Zusammenwirken der menschlichen und sachlichen Faktoren – dar.

Schritt 5: Zur Erinnerung an bestimmte Ereignisse oder Phasen können Sie Moderationskarten beschriften und in dem Schaubild platzieren.

Tipps für Führungskräfte
Eine Rückschau auf vergangene Tage kann neben freudigen Erinnerungen auch schmerzhafte Erfahrungen zutage bringen. Es melden sich meistens nur die Gefühle zu Wort, die bisher noch nicht verarbeitet wurden. In einer offenen, harmonischen Arbeitsatmosphäre besteht die große Chance, alte Kränkungen, Verletzungen und gegebenenfalls Missverständnisse in aller Ruhe zum Ausdruck zu bringen und so eine positive Entlastung und Versöhnung vorzunehmen. Lang gebundene Energien werden wieder freigesetzt – das kräftigt den Teamspirit ungemein. Stärken Sie Ihre Stärken und befrieden Sie alte Konflikte.

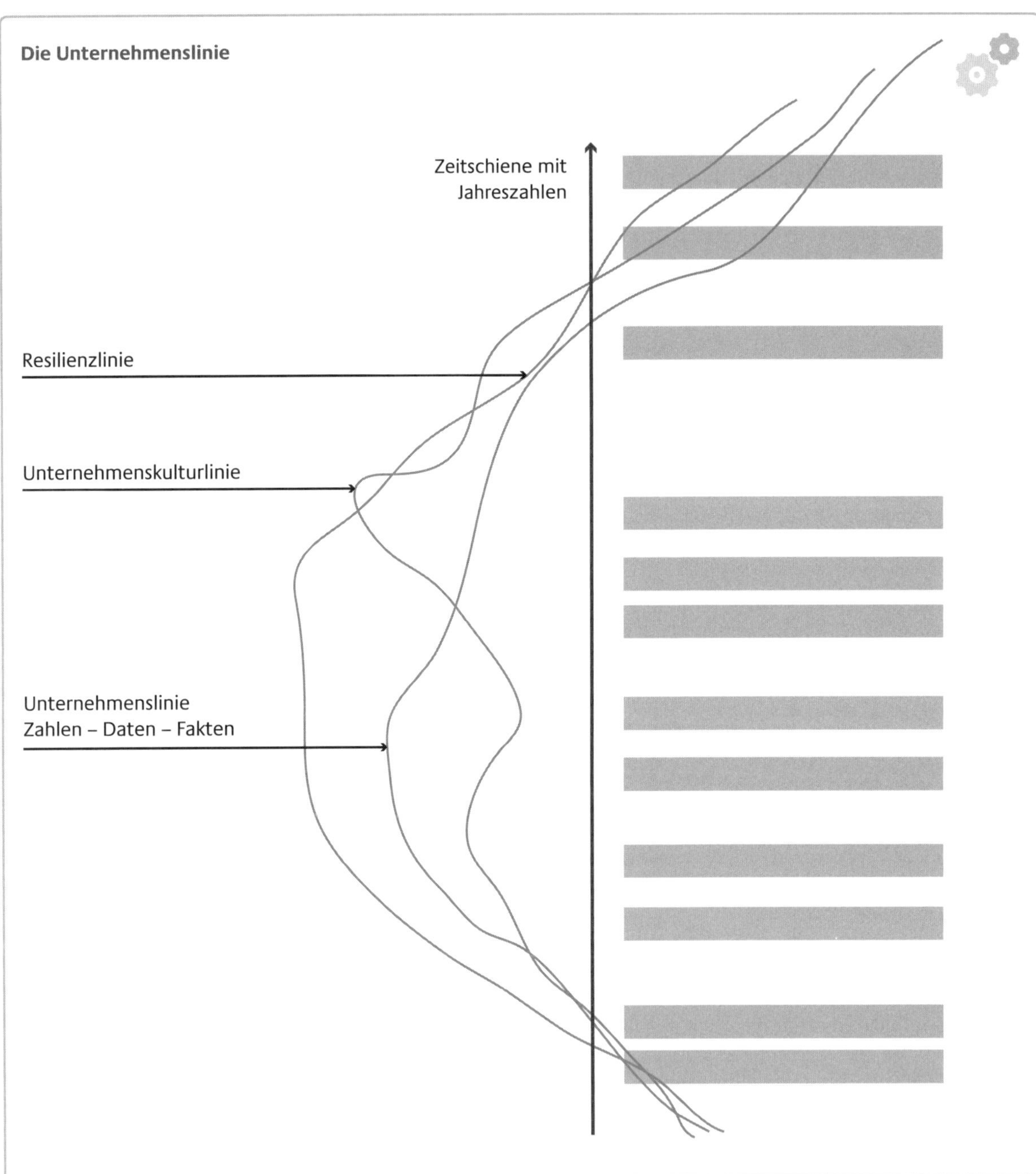

Die Unternehmenslinie
Zeitschiene mit Jahreszahlen
Resilienzlinie
Unternehmenskulturlinie
Unternehmenslinie
Zahlen – Daten – Fakten

Gerade dieser Übungsaufbau bietet die Möglichkeit, gegenwärtige Probleme aus ihrer Entstehungsgeschichte heraus nachzuvollziehen. Nach diesen beiden Gesamtbetrachtungen widmet sich die nächste Aufgabenstellung der genauen Aufschlüsselung eines einzelnen Problemfeldes.

Übung: Das Lösungsrad

Einführung

Ein Unternehmen subsumiert sich aus vielen unterschiedlichen Bereichen, die im besten Fall harmonisch zusammenspielen. In den meisten Fällen hat eine Organisation aber ihre Stärken und Schwächen, die in der unterschiedlichen Professionalität der einzelnen Akteure beziehungsweise Teams und Abteilungen sichtbar werden.
Mit dem Lösungsrad können verschiedene Einflussfaktoren, die auf ein Problem einwirken, in ihrer individuellen Ausprägung und in ihrem Zusammenklang reflektiert werden. Sowohl positive als auch negative Kettenreaktionen werden transparent und können auf Folgeerscheinungen sowie Konsequenzen überprüft werden. Als Grundlage der Untersuchung dient der Organisations-Balance-Kompass. Der Blick auf das ganze System lässt einzelne Details in einem anderen Licht erscheinen. Dieser Perspektivenwechsel kann die Konzentration auf völlig neue Themen lenken.

Ziel

Ein aktuelles Problem soll unter Einbeziehung verschiedener Einflussgrößen anvisiert werden. Die einzelnen Punkte, Funktionen oder Bereiche werden in ihrer Gewichtung aufgeschlüsselt und im Gesamtgefüge begutachtet. Dadurch wird das Verständnis für die Abhängigkeit der einzelnen Aspekte geweckt.

Material

DIN-A3-Papier oder Flipchartbögen, Stifte.

Übungsablauf

Schritt 1: Jeder Teilnehmer beschreibt sein Hauptproblem, zum Beispiel: »Reibungsverluste durch zu langsame Prozessketten«, und sammelt dann alle Faktoren, die zu diesem Problem führen können, wie unklare Zielvorgaben, mangelnde Kompetenz der Mitarbeiter, demotivierte Mitarbeiter (demotiviert durch was?), mangelnde Führungsqualität, Probleme in der Organisation, unpassende Software beziehungsweise Maschinen, schlechte Absprachen an den Schnittstellen, Lieferprobleme (Material, Information, Ressourcen), Inkonsequenz in der Umsetzung von Absprachen, unklare Rollen- beziehungsweise Aufgabenverteilung, fehlende Kontrolle, fehlende Konsequenzen bei mangelhafter Leistung und so weiter. Neben den beeinträchtigenden Faktoren können genauso stabilisierende Elemente aufgenommen werden. Allein dieses sorgfältige Zusammentragen von hineinspielenden Faktoren kann augenöffnend wirken.

Schritt 2: Der Teilnehmer zeichnet auf dem Blatt einen großen Kreis (symbolisiert ein Rad) und ordnet ungefähr zehn bis 15 der eruierten Aspekte intuitiv auf der Kreisbahn an.

Schritt 3: Als Nabe dieses Rads nimmt er sein geschildertes Problem. Er überlegt sich, ob die Schwierigkeit genau in der Mitte der verschiedenen Einflussgrößen verankert ist oder ganz nah zu einer Thematik steht. Er zeichnet diese Nabe ein – mit nahem oder weitem Abstand zu den einzelnen Bereichen, ganz wie es seiner gefühlten Wirklichkeit entspricht.

Schritt 4: Von der Nabe zu den einzelnen Aspekten kann er nun Speichen skizzieren, die die Verbindung zur Thematik symbolisieren. Diese können dünn oder dick gestaltet sein, rund, eckig, klar oder mit Fragezeichen versehen …

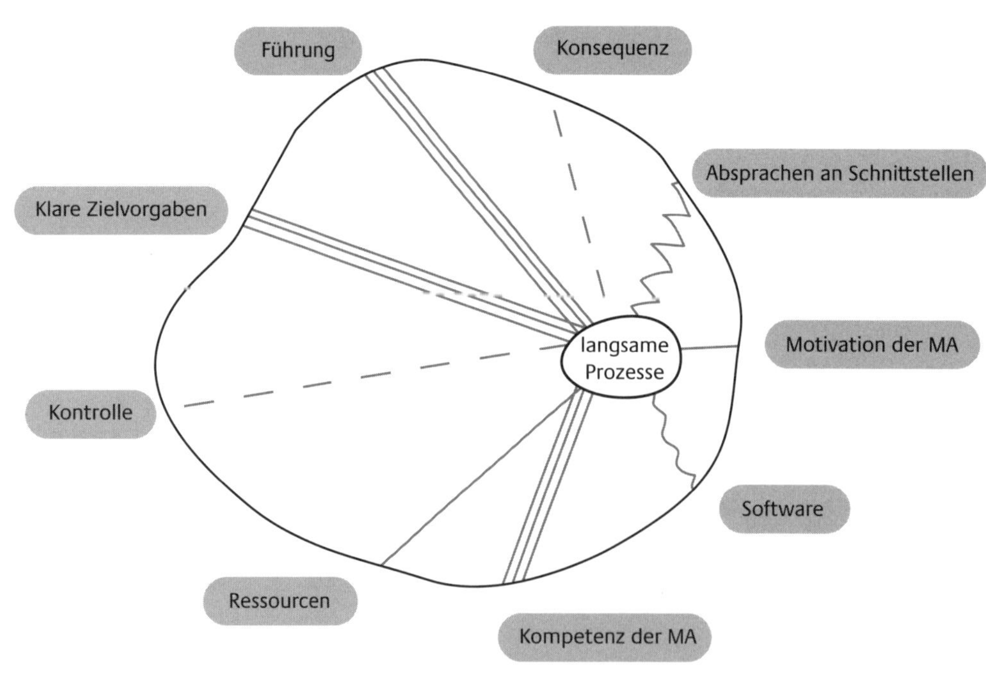

Schritt 5: Im weiteren Prozess arbeiten zwei Personen zusammen. Ein Kollege hält das Blatt mit ein wenig Abstand in die Höhe, damit der Teilnehmer das gesamte Bild auf sich wirken lassen kann. Wo »eiert« das Rad am stärksten? Welche Aspekte schwächen die Lage? Durch welche Komponenten erfährt sie Stabilität?

Schritt 6: Die Teilnehmer lassen das ganze Rad auf sich wirken. Nachdem der Ist-Zustand der Problemlage sorgfältig analysiert ist, wird die Struktur des Lösungsrads benutzt, um als Nächstes den Soll-Zustand abzubilden. In welche Richtung soll sich das Gebilde aus aufeinander einwirkenden Faktoren in den nächsten Wochen und Monaten entwickeln? Welche kleinen, realistischen Schritte und Maßnahmen können und wollen die Teilnehmer sofort angehen?

Tipps für Führungskräfte

Fördern Sie bei Ihren Mitarbeitern immer wieder systemisches Verständnis. Heutzutage sind die meisten Probleme sehr vielschichtig zusammengesetzt. Es macht sich bezahlt, zunächst eine genaue Klärung vorzunehmen, um den jeweiligen Ursachen gezielt näherzukommen. Diese offene, forschende Haltung kann natürlich nicht nur für teaminterne Themen verwendet werden, sondern auch im Kontakt mit anderen Kollegen und auch Kunden. Resiliente Personen überzeugen durch ihre Weitsicht und den großen geistigen Radius, den sie selbst unter Stress in Ruhe aufschlagen können.

Das Lösungsrad ist ein gutes Beispiel, wie ein Problem, das täglich als Stolperstein im Weg liegt, aufmerksam zerlegt werden kann und somit Ursache- und Wirkungsketten offenbar werden. Dieser sorgfältige Analyseprozess ist eine perfekte Vorlage, um auf einen guten, realistischen Lösungsweg zu stoßen, ohne das große Ganze aus dem Auge zu verlieren.

Stabilisierende Faktoren lassen sich schnell zusammentragen

Im Grunde weiß jedes Mitglied einer Organisation, was in seinem Betrieb gut oder schlecht läuft. Um eine Firma krisenfest zu machen, braucht es natürlich einige Überlegungen mehr, als nur die gegenwärtige Auftragslage oder die aktuelle Arbeitsatmosphäre als Gradmesser im Auge zu haben. Im Folgenden möchte ich klassische Faktoren zusammentragen, die eine Firma belastungsfähig, flexibel und widerstandkräftig machen.

Schauen wir zunächst auf das »fachliche Bein«. Auf der Zahlen-Daten-Fakten-Ebene braucht es:

- Fachliche Kompetenz in den Schlüsselpositionen, beginnend beim Aufsichtsrat über Geschäftsleitung, Führungskräfte, Controlling, Personalabteilung und so weiter.
- Vermeidung von klassischen Managementfehlern, gegebenenfalls konsequente Stellenumbesetzung.
- Finanzierungsstabilität und ein vorzeitiges Krisenwarnsystem.
- Neutrales, zuverlässiges, »unbestechliches« Controlling als aktives Steuerungssystem.
- Flexible Marktanpassung mit dem Ohr direkt am Kunden – Produkte müssen den aktuellen Bedürfnissen des Kunden entsprechen.
- Regelmäßige Strategieüberprüfung.
- Effiziente Produktionsplanung – möglichst keine Überproduktionen.
- Hohes Dienstleistungsverständnis – schnelle und professionelle Abwicklung der Kundenbedürfnisse.
- Weitsichtige Investitionen und Expansionen.
- Sensible Antennen für aufziehende Krisen. Regelmäßige Überprüfung der Kundenstruktur (Achtung Klumpenbildung) und der Kundenbetreuungssysteme (hohe Aufmerksamkeit bei unternehmensrelevanten Kunden).
- Durchspielen von Worst-Case-Szenarien und Entwicklung von Lösungsansätzen in stressfreien Zeiten.
- Markenpflege – Alleinstellungsmerkmal deutlich herausarbeiten. Entwicklung von dementsprechenden Lösungsansätzen.

Genauso wichtig sind die Aspekte des »menschlichen Beins«:

- Konsequente Rollenklärung – Hierarchien und Aufgabenfelder sollten exakt eingehalten werden.
- Unternehmenswerte dürfen nicht nur als Lippenbekenntnisse in der Hochglanzbroschüre abgedruckt oder als schönes Plakat an der Wand hängen – sie müssen tatsächlich gelebt werden und nicht zu leeren Worthülsen verkommen. Weniger ist mehr an dieser Stelle.
- Transparente, intelligente Informationsketten, wertschätzende Kommunikation sind wichtig.

- Egozentrik, Narzissmus, fehlende Außenorientierung von einzelnen Personen wird nicht akzeptiert.
- Kontinuierliche strategische Reflexion und konstruktive Hinterfragung des gewählten Kurses – Querdenker werden eingeladen mitzudenken.
- Hohe Führungskultur.
- Kultivierte Fehlerkultur.
- Personalstrategie ist integriert in Unternehmensstrategie – ein Händchen für das Personal: die richtigen Leute am richtigen Platz.
- Gutes Verhältnis zwischen Betriebsrat/Gewerkschaft und Geschäftsführung – nicht kuschen, aber Augenhöhe – Fairness gegenüber Arbeitnehmern.
- Dem Mitbewerber nicht hinterherlaufen, sondern die eigene Kernkompetenz kennen und pflegen.
- Ganzheitliches Gesundheitsmanagement, das die Belastungsfähigkeit der Mitarbeiter konsequent fördert beziehungsweise berücksichtigt.

Nun, mit gesundem Menschenverstand sind all diese Punkte theoretisch leicht zusammengetragen – die Praxis beweist, dass es eine klare Ausrichtung und viel Witz sowie Biss verlangt, um den guten Erkenntnissen Taten folgen zu lassen. Mein Anliegen ist es, ein Unternehmen nicht schon zu Anfang mit hochfliegenden Theorien zu erschrecken, sondern konstruktiv an der Stelle anzusetzen, an der sich die Organisation mit all den beteiligten Menschen befindet.

Überraschende Wendung

Die Standortbestimmung mit den Vorständen des Maschinenbauunternehmens wurde eine äußerst intensive Geschichte. In der ersten Stunde unterhielten wir uns noch ausführlich über ihren angeschlagenen Bereichsleiter. Zunehmend rückte aber ihr eigener Energiehaushalt in den Fokus unserer Unterhaltung. Als erste Übung wählte ich das Energiefass (s. S. 59 ff.), damit jeder seinen Kollegen im Detail klarmachen konnte, wie es ihm im Moment persönlich erging. Es war spannend, ihnen zuzuhören, denn im Grunde sprachen sie ganz ähnliche Punkte an, die auch ihr Mitarbeiter stetig hervorhob.

Der Strategiewechsel der letzten zwei Jahre hatte sie alle viel Einsatz gekostet. Bis heute waren sie im Vorstandskreis nicht zu 100 Prozent einig, auf welche Art sie ihre Neuausrichtung konkretisieren wollten. Diese Spannungen bekamen die Mitarbeiter natürlich mit und übertrugen sie auf ihre Abteilungen und auf die Schnittstellenkommunikation.

Mithilfe der drei vorgestellten Übungen »Die Unternehmensampel« (s. S. 38 ff.), »Die Unternehmenslinie« (s. S. 42 ff.) und »Das Lösungsrad« (s. S. 45 ff.) betrachteten wir die gesamte Unternehmenssituation und landeten immer wieder bei der Kommunikation zwischen allen Beteiligten. Dort verloren sie am meisten Schwung, Energie und Vertrauen. Die Geschäftsführer stellten weniger ihre Sachentscheidungen infrage. Mit der Zeit wurde ihnen aber klar, welches Porzellan sie durch schlechte Information, mangelnde Klarheit und unübersichtliche Planung zerschlagen hatten.

Die Standortbestimmung brachte sie schwer ins Grübeln, da sie ihre eigene Verantwortung bei der Überlastung ihrer Mitarbeiter erkannten. Als Abschluss-Feedback meinten alle, der Tag hätte für sie eine äußerst überraschende Wendung genommen. Wir verabredeten zu einer nächsten Gesprächsrunde, um deutlich herauszufiltern, an welchen Themen sie konkret ansetzen wollten.

SCHRITT 2
Pflegen Sie den persönlichen und organisationalen Energiehaushalt

»Wir werden weiter Gas geben. Das ist ein Aspekt unserer Kultur.«

Dieter Zetsche (Vorstandsvorsitzender der Daimler AG, Bilanzpressekonferenz. In: Handelsblatt 17.02.2011)

Schaffen Sie Bewusstsein für die Voraussetzung von Leistungsfähigkeit

Wie steht es um den eigenen, persönlichen Energiehaushalt?

Die Frage nach dem aktuellen Leistungslevel lässt viele Menschen aufhorchen. Zum einen, weil durch die ständige mediale Beschallung das Thema in vielen Köpfen »herumgeistert«. Zum anderen aber, weil sich die meisten aus eigenen, persönlichen Gründen schon mit der Thematik in vielen Fällen beschäftigt haben.

Um in einen ersten Austausch zu kommen, stelle ich während eines Vortrags oder eines Seminars die simple Frage, wie es denn im Moment um den eigenen Energiehaushalt bestellt sei. Dabei zielt meine Frage nicht auf die aktuelle Tagesform, sondern auf den Allgemeinzustand der letzten Monate. Ich führe das Bild eines Energiefasses ein (oder auch einer Energiebatterie) und frage nach dem individuellen Füllstand.

Es erfreut mich immer wieder, wie schnell ein Mensch benennen kann, was in ihm vorgeht. Bei meiner kurzen Abfrage wissen die meisten Teilnehmer ihren Energiepegel recht gut einzuschätzen.

Wie ich es schon beleuchtet habe, erlebt ein Drittel der Teilnehmer ihr Energiefass eher im unteren Bereich, ein weiteres Drittel in guter Mitte …, und dann wird es nach oben hin immer dünner. Viele freuen sich darüber, wenn sie berichten konnen, dass sich ihr Fass bei 65 bis 70 Prozent befindet. Sie sind damit schon äußerst zufrieden und schauen glücklich in die Runde. Ich frage sie dann, wie viel Prozent Einsatz denn in ihrer Arbeit von ihnen verlangt wird. »150 Prozent … mindestens«, platzt es dann von allen Seiten heraus.

Und diese Antwort offenbart das Problem, vor dem viele stehen. Andauend wird von ihnen mehr verlangt, als sie tatsächlich aus freien, natürlichen Stücken heraus geben könnten. Das kann einfach nicht gut gehen! Dennoch sind viele Menschen dazu bereit, in ihrem Arbeitsalltag weit über ihre Grenzen zu gehen. Sie sind seit frühster Kindheit daran gewöhnt, gut zu funktionieren. So hinterfragen sie viel zu selten, ob ihr Pflichtbewusstsein noch gesund ist.

Geben und Nehmen ins Gleichgewicht bringen

Der Römische Brunnen
Aufsteigt der Strahl und fallend gießt
Er voll der Marmorschale Rund,
Die, sich verschleiernd, überfließt
In einer zweiten Schale Grund;
Die zweite gibt, sie wird zu reich,
Der dritten wallend ihre Flut,
Und jede nimmt und gibt zugleich
Und strömt und ruht.

Conrad Ferdinand Meyer

Dieses wunderbare, lautmalerische Gedicht aus dem Jahre 1882, in dem Conrad Ferdinand Meyer die Fontana dei Cavalli Marini in der Villa Borghese schildert, veranschaulicht in traumwandlerischer Reduktion das Grundprinzip von nachhaltigem Wirtschaften: Erst muss ich etwas besitzen, um es weitergeben zu können.

Ruhiges Strömen entsteht durch die vorhandene Wassermenge und einen offenen Flusslauf – so ist es sowohl beim Lauf des Wassers zu beobachten als auch bei der Energie eines Menschen. Wer sich selbst gut kennt und bewusst seine Kraftspeicher aufzufüllen vermag, besitzt Stärke, die auf andere ausstrahlt, und eine natürliche, authentische Art, anderen etwas zu geben.

Oder mit einem anderen Beispiel gesprochen: Der persönliche Kräftehaushalt funktioniert wie eine Speisekammer. Erst muss ich etwas hineinlegen, um etwas herausholen zu können.

So einfach funktioniert auch unser Organismus – wir müssen seine Ressourcen auffüllen und stärken, um Leistung abrufen zu können. Warum tun wir Menschen uns so schwer damit, diese simple Wahrheit zu akzeptieren und ihr Rechnung zu tragen?!

Als Erwachsene sind wir sehr wohl in der Lage, auch über einen längeren Zeitraum hinweg, Defizite in unserer Energieversorgung auszugleichen. Wir sind von Natur aus dafür ausgerüstet, über Monate oder gar Jahre Durststrecken zu überstehen. Aber irgendwann muss unser Organismus die Chance bekommen, leer gelaufene Speicher wieder aufzufüllen.

Resiliente Personen haben an dieser Stelle eine sehr feine Wahrnehmung für sich selbst. Zum einen verstehen sie, sich hervorragend zu ernähren, nicht nur in Bezug auf Essen und Trinken. Sie kennen ihre Bedürfnisse und haben gelernt, vielfältige Energietankstellen im Leben aufzubauen. Zum anderen kennen sie ganz genau ihre Grenzen und wissen sie zu wahren.

Hochintelligente Überlebensstrategien

Das eindrücklichste Beispiel dieser Fähigkeit der intelligenten Selbsterhaltung erfuhr ich auf einer Wanderung durch die Sahara. Mein Mann und ich waren zwei Wochen lang mit einer Gruppe von Tuaregs unterwegs, mit denen wir uns fern der Zivilisation durch die Wüste bewegten. Unser Tourleiter war ein beeindruckender Nomade, der mit allen Wassern gewaschen war. Mehr und mehr weihte er uns in die eisernen Regeln seiner Lebenswelt ein, mit denen dieser Volksstamm seit ewigen Zeiten in der Wüste zu überleben vermochte.

Im Notfall kann ein Tuareg pro Tag 40 Kilometer durch den Sand laufen und dabei seinen Wasserbedarf auf ein Minimum herunterfahren. Durch ungemein energiesparende Bewegungen und durch das kluge Ausnutzen der umgebenden, natürlichen Ressourcen schaffen es diese Wüstenbewohner, sich über Tage zielgerichtet vorwärtszubewegen, um auf ein rettendes Wasserloch oder gar eine Oase zu stoßen. Ich habe bis dahin noch niemals Menschen hautnah erleben dürfen, die sich so klug an ihr extrem karges Umfeld angepasst haben. Sie sind Meister darin, aus wenigen Überlebensquellen höchsten Nutzen zu ziehen. Sie kennen ihre Energiereserven durch und durch und verstehen es, aus dem letzten Körnchen noch etwas herauszupressen.

Das ist das Prinzip der Resilienz: aus der Not eine Tugend zu machen und in schwierigsten Situationen eine tragfähige Lösung zu finden. Oder mit den Worten von Antoine de Saint-Exupéry (1939, S. 9) ausgedrückt:

> »Die Erde schenkt uns mehr Selbsterkenntnis als alle Bücher, weil sie uns Widerstand leistet.«

Sorgfalt und Fürsorge für sich selbst

Gerade Führungskräfte müssen lernen, gut für sich sorgen. Da sie tagtäglich für viele Menschen und Dinge höchste Verantwortung tragen, müssen sie ganz besonders auf sich selbst achten. Ständig richten sich die unterschiedlichsten Anspruchsgruppen und Einzelpersonen mit Anfragen sowie Ansprüchen an sie und möchten zuverlässig eine adäquate Antwort erfahren:

die eigenen Mitarbeiter im Team, die Kollegen im Führungskreis, der Vorgesetzte, der oftmals auch eine klare Führung braucht, die Kunden und Dienstleister … und nicht zuletzt die Familie und das private Umfeld. Somit agiert die Führungskraft oft als Stoßdämpfer zwischen diversen Parteien und auch eigenen Vorstellungen.

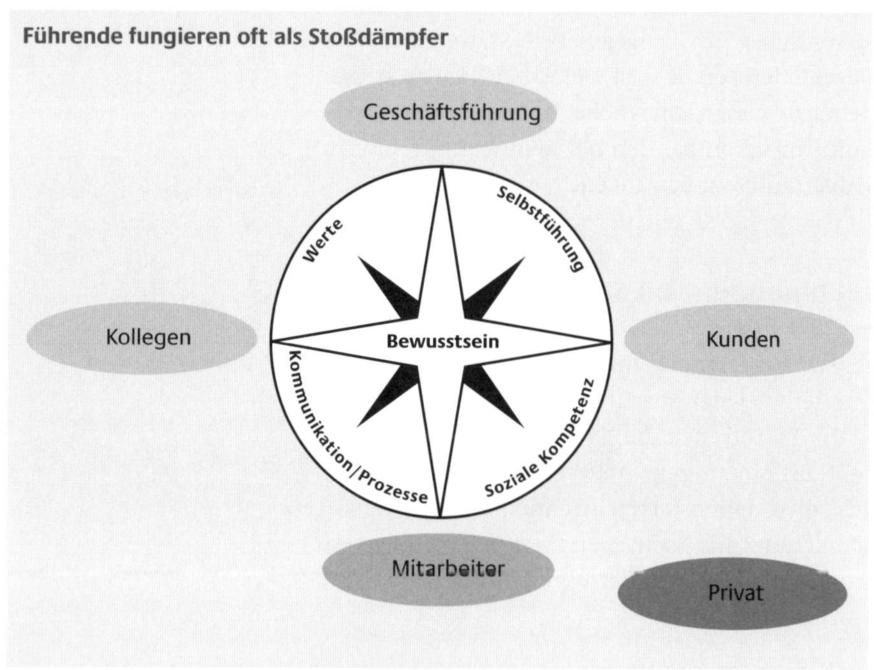

Diese Konstellation kann verschiedene Erfahrungen mit sich bringen. Der Führende kann sich als aktiver Gestalter inmitten des bunten Geschehens wahrnehmen oder als ständig Getriebener, der zwischen allen Stühlen sitzt beziehungsweise hin- und herrennt. Das sind natürlich die Extrempositionen, Schwarz und Weiß, zwischen denen das Leben viele verschiedene Farbschattierungen offeriert. So oder so, die Situation an sich verlangt viel Kraft und Engagement. Ein Mensch, der sich als Gestalter seiner Tage interpretiert, erlebt diesen täglichen Abrieb allerdings als Geschenk und Chance, als eine Belastung, die ihm Freude macht, ihn erfüllt und sein Selbstwertgefühl speist.

Der *Stern* hat in seiner ersten Ausgabe 2012 unter der Überschrift »… sie läuft…und läuft…und läuft…« die Arbeitsbelastung von Frau Bundeskanzlerin Merkel aufgegriffen und versucht, detailliert aufzuschlüsseln, wie sie mit ihrem »mörderischen Pensum der letzten Monate« überhaupt zurechtkommt. Frau Merkel verfügt über ein klares Netzwerk von Energiequellen, die sie auch unter größtem Termindruck noch zu frequentieren weiß. Besonders sticht aber ihre innere Haltung hervor, die sie vermutlich auch immer wieder neu festigen muss. Obwohl sie seit Jahren einem Dauerfeuerwerk von Krisen und persönlicher Kritik ausgeliefert ist, sagt sie: »Wir leben in einer unglaublich spannenden Zeit. Das ist viel Arbeit. Aber ich sage auch: spannende Arbeit.« Ihre naturwissenschaftliche, unprätentiöse, nüchterne Grundeinstellung schenkt ihr scheinbar den nötigen Abstand, um im größten Chaos eine eigene Souveränität zu bewahren.

Unterschiedliche Wahrnehmungen von Stress

Stress ist objektiv nicht messbar, sondern eng mit dem Auge des Betrachters verknüpft. Es gibt Ereignisse, wo jeder ausrufen wird: »Ja, das ist eine anstrengende Aufgabe!« Wie die Betroffenen die Situation tatsächlich aufnehmen und verarbeiten, steht auf einem ganz anderen Blatt geschrieben. Nach einem Konzept von Hans Selye, dem österreichisch-kanadischen Mediziner, der als Vater der Stressforschung gilt, kann man zwei Arten von Stress unterscheiden: negativen Stress (auch Disstress beziehungsweise Dysstress, engl. *distress*) und positiven Stress (auch Eustress).

Stress fördert oder hemmt uns

Negativ sind diejenigen Reize, die als unangenehm, bedrohlich oder überfordernd gewertet werden. Stress wird erst dann negativ interpretiert, wenn er häufig auftritt und kein körperlicher Ausgleich erfolgt. Ebenso können negative Auswirkungen auftreten, wenn die unter Stress leidende Person durch ihre Interpretation der Reize keine Möglichkeit zur Bewältigung der Situation sieht (Klausur, Wettkampf oder Ähnliches). In diesem Fall kann Disstress durch die Vermittlung geeigneter Stressbewältigungsstrategien (Coping) verhindert werden.

Disstress führt zu einer stark erhöhten Anspannung des Körpers (Ausschüttung bestimmter Neurotransmitter und Hormone, zum Beispiel Adrenalin und Noradrenalin). Auf Dauer führt dies zu einer Abnahme der Aufmerksamkeit und Leistungsfähigkeit. Bei einer Langzeitwirkung von Disstress sowie fehlenden Copingstrategien kann es zu einem Burnout-Syndrom kommen.

Als Eustress werden diejenigen Stressoren bezeichnet, die den Organismus positiv beeinflussen. Ein grundsätzliches Stress- beziehungsweise Erregungspotenzial ist für das Überleben eines Organismus unabdingbar. Positiver Stress erhöht die Aufmerksamkeit und fördert die maximale Leistungsfähigkeit des Körpers, ohne ihm zu schaden. Im Gegensatz zum Disstress wirkt sich Eustress auch bei häufigem, langfristigem Auftreten positiv auf die psychische oder physische Funktionsfähigkeit eines Organismus aus. Eustress tritt beispielsweise auf, wenn ein Mensch zu bestimmten Leistungen motiviert ist oder Glücksmomente empfindet.
(nach: Wikipedia, Dezember 2016)

Diese wissenschaftliche Beschreibung lässt sich im Alltag gut nachvollziehen. Viele Belastungen wirken auf unser System anregend – wir fühlen uns positiv herausgefordert, und wenn wir die nötigen Kompetenzen besitzen, um Aufgaben zu lösen, wachsen wir durch die neue Erfahrung. Häufig sind es nur Kleinigkeiten, die den positiven Eindruck von Situationen verändern und ins Gegenteil verkehren können. Das Herausarbeiten dieser Details richtet den Blick auf direkte Verbesserungsmöglichkeiten. So gilt es, aufmerksam hinzuschauen, in welcher Form sich das Leben zusammenbaut und aus welchen Faktoren sich die persönliche Energiebilanz speist.

Ernährung findet auf vielen Ebenen statt

Die eigene Vorratskammer nicht nur flüchtig, sondern profund zu kennen, ist die Voraussetzung, um seine Leistungsfähigkeit, die sich aus körperlicher, geistiger, emotionaler und seelischer Spannkraft zusammensetzt, langfristig zu erhalten. So lautet die Kernfrage von Resilienzförderung: Was schenkt Kraft, was raubt Kraft?

Betrachten wir zunächst die Körperebene, weiß jeder schnell aufzuzählen, was dem Organismus wohltut. Das richtige, angemessene Essen, viel Wasser trinken, regelmäßige Bewegung in frischer Luft, Regenerationspausen und ausreichend Schlaf. No drugs! – So lautet das Grundprogramm, um unsere »Körpermaschine« möglichst beschwerdefrei durch die Jahrzehnte zu bringen.

Das Basisprogramm einer ausgewogenen Lebensführung wird heutzutage in Hunderten von Zeitungen und Büchern regelrecht zelebriert und in den unterschiedlichsten Varianten durchgekaut. Das Wissen darüber grassiert hinreichend und ist frei zugänglich. Aber Theorie allein hilft nicht, wie es die Studien der Krankenkassen beweisen. Eine Vielzahl von Krankheiten, unter denen wir Wohlstandsbürger leiden, lässt sich schlicht und ergreifend auf nachlässige Selbststeuerung zurückführen. Obwohl wir, wie keine Generation vor uns, die besten Voraussetzungen für einen gesunden Lebensstil haben, bringen uns schon kleine, einfache Bedienungsanleitungen ins Schleudern. Wer liebt schon seinen Körper und hegt und pflegt ihn wie ein kostbares Gut? Und damit meine ich nicht die äußere Hülle, um die extrem viel Aufwand betrieben wird.

Das eigene Köpergewicht ist leider ein Dauerreizthema geworden, und so fehlt viel zu vielen Menschen ein entspannter Umgang mit dem Essen. Bewegung koppelt sich oftmals an besondere Leistung. Denn es reicht nicht, ungezwungen eine Runde laufen zu gehen, nein, der Nachbar trainiert auf den New York-Marathon, da gilt es mitzuhalten. Pausen werden Mangelware, durch die ständige Erreichbarkeit via Handy, Computer und die ununterbrochenen Informationsströme. Wann und wo kann unser Organismus zur Ruhe kommen und in seinem eigenen, ihm angemessenen Rhythmus essen, trinken, schlafen, sich anspannen und wieder entspannen?

Dabei ist unser Körper »eigentlich« ganz einfach zu steuern. Er reagiert sehr schnell auf Zuwendung und ist extrem lern- und anpassungsfähig. Was ihm hilft, sind Rituale, Wiederholungen, eine Ordnung, die Sinn macht und die die Bedürfnisse des Körpers mit denen von Herz und Seele achtsam verbindet.

Gehe ich mit einem Menschen auf Spurensuche nach belastenden Energieräubern, werden wir allerdings nicht nur bei seiner Körperführung fündig, sondern besonders in seinem Gefühlshaushalt. Ungeklärte Beziehungen auf privater oder beruflicher Ebene, mangelnde Wertschätzung, Streitereien, Missverständnisse, unterdrückte Emotionen, Sprachlosigkeit, unerwiderte Liebe, die Empfindung, ausgenutzt zu werden, enttäuschte Erwartungen und, und, und ... Wer kennt diese nagenden Gefühle nicht, die an den Nerven zehren und weder tagsüber und schon gar nicht nachts zur Ruhe kommen? Ein verletztes Herz produziert zu Anfang starke Gefühle, die zwischen Trauer, Enttäuschung, Wut, Angst und Hoffnung hin- und herpendeln. Finden diese Emotionen kein Gehör, keine angemessene Plattform, um sich auszudrücken, breitet sich im ganzen Organismus schleichende Resignation aus. Leiden Herz und Seele unter unveränderbaren, unlösbar scheinenden Umständen, tauchen die Empfindungen der Sinnlosigkeit und der Ohnmacht auf. Sie sind der sichere Nährboden für eine Erschöpfungserkrankung.

Aber so weit muss es ja nicht kommen. Wer sich selbst mehr und mehr kennenlernt, weiß um die ersten Warnzeichen von Körper, Herz und Seele und beginnt aktiv, an Entlastungsprozessen zu arbeiten. Natürlich tragen Menschen Gewichte mit in ihrem Lebensrucksack, die sich nur zum Teil und meist auch nur langfristig in Leichtgewichte verwandeln lassen. Aber viele der kleineren beziehungsweise gegenwärtigen Belastungen lassen sich mit Mut und Entschiedenheit sofort abfedern.

Nun, Belastungen werden unseren Lebensweg wohl immer begleiten. Das Resilienz-Prinzip achtet zum einen darauf, inwieweit sich Schwierigkeiten klug umgehen und ausschalten lassen. Bei unvermeidbaren Verwicklungen schließt es sich dem Schicksal an und sucht den (höheren) Sinn in der Krisenbewältigung. Wer sich selbst gut zu steuern vermag und seinen eigenen Kräftehaushalt ausbalancieren kann, ist präventiv für Krisenzeiten gerüstet.

Die Kernkompetenz eines resilienten Menschen ist es, den Kopf nicht in den Sand zu stecken, sondern immer wieder neu nach Chancen und Möglichkeiten zu schauen, um das persönliche Leben und das der anderen konstruktiv zu verbessern. Resiliente Personen fühlen sich auch mal schwach und können verletzt werden, aber sie finden immer wieder zu einem Blickpunktwechsel, der ihnen neue Kraft und innere Zufriedenheit schenkt.

Die folgende Übung bietet eine wunderbare Möglichkeit, einen persönlichen Energiecheck vorzunehmen.

Übung: Das Energiefass

Einführung

Um im Berufs- und Privatleben kraftvoll und gesund agieren zu können, ist es angebracht, den eigenen Energiehaushalt genau zu kennen. Denn: Auf Dauer können wir unserem Energiesystem nur so viel entnehmen, wie wir auch zuverlässig wieder nachfüllen können.

Das Bild des Energiefasses (Sie können auch das Sinnbild einer Energiebatterie wählen) soll unterstreichen, dass sich in unserem Organismus ein Kraftspeicher befindet, der sich an vielen Tagen unseres Lebens von alleine auflädt. Zu Belastungszeiten benötigt er aber unsere aktive Unterstützung, um sein Level halten beziehungsweise wieder Energie nachfüllen zu können.

Ziel
Sie gewinnen Verständnis darüber, wie es um Ihren aktuellen Energiehaushalt bestellt ist, und definieren Maßnahmen, um ihn bewusst anzuheben. Sie spüren dabei differenziert in die einzelnen Dimensionen von Körper, Gefühl, Verstand und Seele hinein.

Material
Flipchart, Schreibbrett, Stifte, Klebebänder oder Seile.

Übungsablauf
Schritt 1: Malen Sie intuitiv auf das Flipchart ein Energiefass (Energiebatterie) als Sinnbild Ihres persönlichen Energiehaushalts. Dieser kann je nach Tagesform stark schwanken, deswegen sollten Sie einen Mittelwert der letzten Monate aufzeichnen. Das Fass kann rund und prall sein oder auch klein und schmal – diese Abbildung sollte ein authentischer Spiegel der »gefühlten Wirklichkeit« sein.

Schritt 2: Als Erstes stellen Sie sich die Frage: Zu wie viel Prozent ist mein Fass gefüllt? Definieren Sie eine Prozentzahl, ohne groß nachzudenken, ganz spontan. Stellen Sie zum Beispiel fest: »Im Moment geht es mir sehr gut, mein Energiefass fühlt sich zu 90 Prozent gefüllt an.« Oder aber: »Ich bewege mich schon seit längerer Zeit am Rande meiner Kräfte. Die Füllung meines Energiefasses schwankt zwischen 20 bis 40 Prozent.«

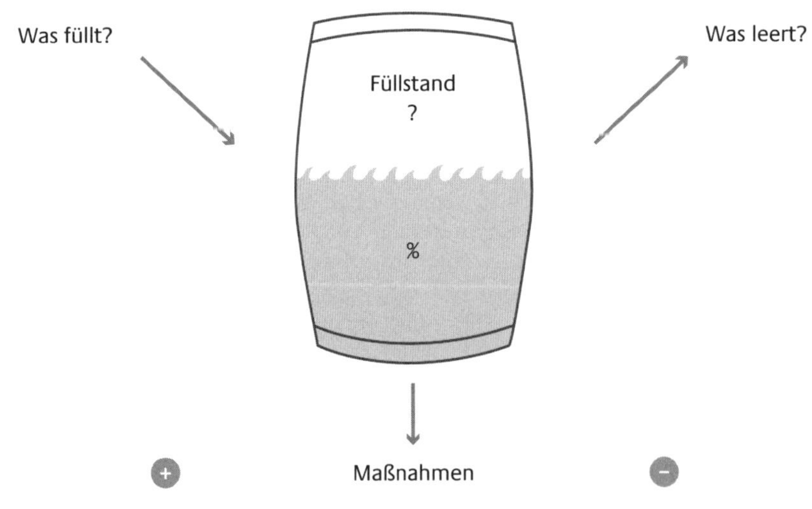

Schritt 3: Legen Sie mithilfe der Seile beziehungsweise Klebebänder am Boden acht Felder aus, und bezeichnen Sie sie folgendermaßen:

+ Körper plus,
– Körper minus,
+ Gefühl plus,
– Gefühl minus,
+ Verstand plus,
– Verstand minus,
+ Seele plus sowie
– Seele minus.

Schritt 4: Nun bearbeiten Sie folgende Frage: Durch welche Aktivitäten, Situationen, Begebenheiten ... füllt sich mein Fass?

- Auf körperlicher Ebene – dabei stellen Sie sich auf das Feld »Körper plus«, und spüren in Ihre Empfindungen und Gedanken hinein. Sie können sich diese Wahrnehmungen selbst auf einem Schreibbrett notieren – oder ein Übungskollege moderiert Sie durch die Übung hindurch und notiert für Sie die Erkenntnisse.
- Auf emotionaler Ebene – Sie stellen sich nun auf das Feld »Gefühl plus« und gehen in der gleichen Weise vor wie vorher.
- Auf mentaler Ebene – gleicher Ablauf wie vorher.
- Auf seelischer Ebene – gleicher Ablauf wie vorher.

Auf die gleiche Weise erforschen Sie auch den Gegenpol und fragen sich: Durch welche Aktivitäten, Situationen, Begebenheiten ... leert sich mein Fass? Dabei stellen Sie sich jeweils auf die vier Minusfelder und spüren genau nach, wie es Ihnen dabei geht. Die Reihenfolge der Felder können Sie frei wählen.

Schritt 5: Fassen Sie anschließend Ihre bisherigen Erkenntnisse zusammen und widmen sich dann noch der dritten Frage: Mit welchen Maßnahmen kann ich meinen Energiehaushalt langfristig und dauerhaft stärken?
Definieren Sie kleine, realistische Schritte, um Ihre Energiespender zu vermehren und den Energieräubern nach und nach die Kraft zu entziehen. Wichtig dabei ist, Zusammenhänge aufzudecken und dementsprechend passende, praxistaugliche Maßnahmen zu definieren.

Tipps für Führungskräfte

Überprüfen Sie Ihre Führungsrolle genau auf Energieräuber. Lassen Sie sich nicht zwischen allen Stühlen aufreiben. Nehmen Sie im Kontext Ihrer verschiedenen Anspruchsgruppen eine deutliche Position ein. Seien Sie klar in Ihrem Rollenprofil und übernehmen Sie sich nicht. Machen Sie sich Ihre übernommenen Aufgabenfelder bewusst, und füllen Sie diese sorgfältig aus.
Gestatten Sie sich, gut für sich zu sorgen. Achten Sie jeden Tag auf Ihren persönlichen Energiehaushalt, und hegen und pflegen Sie ihn. Dies ist kein Eigennutz, sondern soziales Verhalten. Wer sich selbst gut »ernährt«, hat für die Bedürfnisse und Anliegen anderer Menschen großes Verständnis und überhaupt erst die Kraft, sie zu erfüllen.

Energiespeicher bewusst auffüllen

Diese Übung mag auf den ersten Blick recht simpel anmuten, allerdings hat sie es gehörig in sich. Kürzlich ächzte eine Teilnehmerin eines Workshops: »Mit dem Fass machen wir ja ein ordentliches Fass auf!« Und genau dafür ist diese Übung gedacht. In den ersten Minuten fallen den meisten Teilnehmern erst einmal die wohlbekannten Freuden und neuralgischen Punkte ihres Lebens ein, die sie schnell herunterschreiben können. Je länger sie in die Übung eintauchen, umso differenzierter präsentiert sich jedoch das Bild.

Viele Menschen verschütten durch ihr tägliches Rennen tatsächlich ihre innersten Gefühle und Wahrheiten. Sie spüren ganz genau, was ihnen seit Jahren vielleicht schon Schaden zufügt, wie sie sich unter ihrem eigenen Selbstwert durchs Leben bewegen, wie sie Dinge verrichten, die ihrem eigenen Wertesystem widersprechen, wie sie sich selbst mehr und mehr verlieren anstatt zu gewinnen. Sicher gibt es Inhalte, die im Leben nicht zu verändern sind (s. S. 94). Diese Einflussfaktoren machen aber nur einen Teil der Lebenswirklichkeit aus. Große Teile des Lebens liegen tatsächlich in unserer eigenen Gestaltungsverantwortung – ob uns das passt oder nicht. Die nachfolgenden Trainingsschritte in diesem Buch zeigen einen Weg auf, wie gute Erkenntnisse und tiefe Wünsche und Anliegen tatsächlich auch konkretisiert werden können.

Es gibt ein wunderbares Zitat von Rumer Godden (entnommen aus dem Workbook »Die 7 Wege zur Effektivität« von Stephen R. Covey (2012):

> »Jeder von uns ist ein Haus mit vier Zimmern: einem physischen, einem mentalen, einem emotionalen und einem spirituellen. Wenn wir nicht jeden Tag in jedes dieser Zimmer gehen – und sei es nur, um dort für frische Luft zu sorgen –, sind wir keine richtigen Menschen.«

Wir müssen sehr aufpassen, dass uns unser geschäftiger Arbeitsalltag nicht schleichend auf ein Minimum unseres tatsächlichen Wesens reduziert. Was nützt uns unser ganzer Wohlstand, wenn wir dabei unser Menschsein verlieren?

Die Übung »Das Energiefass« im Team durchspielen

Hat ein Führender diese Übung für sich selbst verinnerlicht, kann er sie natürlich gewinnbringend mit seinem Team (oder auch dem Lebenspartner und der Familie) durchspielen. Die Fragestellung bleibt immer die gleiche: Was schenkt uns Widerstandskraft, Belastungsfähigkeit, Beweglichkeit, Freude in der Zusammenarbeit und im Teamspirit? Was macht uns stark und selbstbewusst? Und was schwächt uns und entzieht uns unsere Möglichkeiten?

Bitte beachten Sie bei jeder Gruppenarbeit vorab, gemeinsame Spielregeln aufzustellen.

Übung: Spielregeln in der Gruppenarbeit

Einführung

Da sich die Teilnehmer während einer Übung intensiv mit sich selbst und teaminternen, vertraulichen Themen beschäftigen, ist es überaus wichtig, von Anfang an auf absolute Diskretion und Verschwiegenheit zu achten. Die Integrität jedes Einzelnen muss gesichert sein.

Jeder Teilnehmer hat eine andere Art, sich in die Gruppe einzubringen. Der eine öffnet sich schnell und sucht freimütig den Austausch, ein anderer hält sich zunächst scheu zurück und braucht Zeit, um die anderen zu beschnuppern. Diesen verschiedenen Menschentypen sollten Sie einen sicheren, stabilen Rahmen anbieten, in dem sie sich entspannt und ohne Druck bewegen können. Dazu können Sie die Gruppe erst einmal selbst nach erwünschten Regeln befragen, damit die unterschiedlichen Bedürfnisse und Vorstellungen klar und deutlich ausgesprochen werden können …

Ziel
Teilnehmer stecken sich ihr eigenes Spielfeld der Zusammenarbeit und des gegenseitigen Umgangs ab.

Material
Flipchart, Stifte, Pinnwand.

Übungsablauf
Überlegen Sie sich, unter welchen Bedingungen Sie sich in der Gruppe wohlfühlen und Sie sich im Gespräch öffnen und konstruktiv zusammenarbeiten können. Hinterfragen Sie die einzelnen Vorschläge aufmerksam, und finden Sie gemeinsam kurze, prägnante Beschreibungen, die Sie auf einem Flipchart festhalten.
Beispiele für Spielregeln:

- den anderen ausreden lassen
- aufmerksames Zuhören
- Beiträge ernst nehmen – keine abwertenden, flapsigen Witze
- ehrliches, wertschätzendes Feedback
- absolute Vertraulichkeit
- sich kurz fassen
- Intensität der Übung selbst steuern können
- Pünktlichkeit, ausgeschaltetes Smartphone

Achten Sie darauf, dass jeder Teilnehmer in die Dialogrunde mit einbezogen wird.

Tipps für Führungskräfte
Spielregeln, die während eines Workshops erarbeitet werden, können natürlich direkt in den Arbeitsalltag übernommen werden. Die benannten Werte werden während des Seminars auf ihre Tauglichkeit überprüft und meistens wunderbar umgesetzt. Diese gute Erfahrung ist eine hilfreiche Basis für die praktische Umsetzung am Arbeitsplatz.

Das Flipchartblatt mit den Spielregeln wird während des gesamten Seminars gut sichtbar aufgehängt. Sollten abgesprochene Spielregeln nicht eingehalten werden, können sich die Teilnehmenden gegenseitig daran erinnern. Manchmal wird das »Spielfeld« während der Arbeit nach Bedarf erweitert.

Sprache wirkt auf die Qualität der Arbeit ein

Spielregeln sind eine tolle Sache, da sie blitzartig die unterschiedlichen Charaktere der Teilnehmer zutage treten lassen. Innerhalb eines Teamtrainings lassen sie die unter der Oberfläche schlummernden subtilen Verhaltenskodexe aufblitzen.

Ein zu flapsiger Ton kann verletzen

Ich erinnere mich an ein Kommunikationsseminar mit einer jungen Vertriebsgruppe, die schon während der Vorstellungsrunde einen eher schnodderigen Umgang pflegte. Nach meiner Frage nach Spielregeln rutschte einer Auszubildenden spontan heraus: »Ich möchte endlich ernst genommen werden.« Bumm! – Nach dieser Aussage herrschte tiefes Schweigen, und das junge Mädchen wand sich mit Schamesröte im Gesicht auf ihrem Stuhl.

Nachdem ich nachfragte, wie sie das meinte, formulierte sie, ohne Namen zu nennen, eine konkrete Situation, in der sie sich übergangen gefühlt hatte. Ihre Ausführungen beschämten einige der Teilnehmer, da sie genau wussten, dass sie mit ihrem unbedachten Umgangston sich gegenseitig Verletzungen zufügen konnten, ohne dass darüber reflektiert wurde. Dieser eine Satz gab dem ganzen Training einen Leitgedanken mit auf die Reise. Die jungen Leute hinterfragten in großer Offenheit ihre bisherigen Gepflogenheiten und fanden bald Freude daran, sich aufmerksam und wertschätzend anzusprechen.

Einer ihrer Chefs, der erst am zweiten Tag zu dem Training dazustieß, fiel fast aus allen Wolken, als er von der Gruppe darauf hingewiesen wurde, er solle seine flapsigen Witze einstellen.

Die Sprache der Teilnehmer hat einen nicht zu unterschätzenden Einfluss auf den Fortgang des Trainings. Je differenzierter und einfühlsamer miteinander kommuniziert wird, desto eher vertieft sich die Forschungsarbeit. Die Wortwahl fungiert als Spiegel der wahrgenommenen Gefühle und Empfindungen. Wertschätzende Kommunikation ist der Katalysator für Vertrauen und Offenheit.

Haben Sie als Moderator des Prozesses ein erstes Miteinander-Warmwerden geschafft, bieten sich Ihnen zwei verschiedene Möglichkeiten an, um in das Thema »Energie-Check« einzusteigen. Erst kann jedes Gruppenmitglied für sich selbst die Übung vollziehen und den anderen von seinem Energiepegel sowie dem Wechselspiel seines Füllens und Leerens berichten (die Erzählungen können natürlich auf den beruflichen Kontext bezogen bleiben). Dieser Austausch schafft erstes Verständnis für die Situation und das Lebensgefühl jedes Einzelnen. Im nächsten Schritt geht die Gruppe der gleichen Frage im Gesamten nach. Dabei schaut das Team auf die Art seiner Zusammenarbeit, auf die sachliche und emotionale Gruppendynamik, auf seine Verhaltensweisen im entspannten und angespannten Zustand, auf interne Rituale und auf sein Auftreten nach außen und vieles andere mehr.

Diese zwei Übungsschritte können auch umgedreht werden, sodass die Gruppe erst gemeinsam arbeitet und im nächsten Schritt jeder Einzelne seine persönliche Situation betrachtet. Ich wähle immer die Variante, die sich im Moment leichter und flüssiger anfühlt. Wenn sich ein Team zunächst langsam beschnuppern möchte, lasse ich die Übung erst in Kleingruppen durchführen und rege dann zum Austausch in der großen Gruppe an. Bei diesen Untersuchungen werden sehr schnell Verhaltensweisen aufgedeckt, die Konfliktpotenzial in sich tragen und nicht einfach zu besprechen sind. Hier braucht es eine klare und gleichzeitig einfühlsame Moderation, die Vertrauen schafft und dabei auch Mut macht, heiße Eisen auf eine konstruktive Art und Weise anzupacken.

Ein Team, dem es gelingt, seine internen Energieräuber zu erkennen, zu benennen und gemeinsam abzubauen, entwickelt einen ungemein starken Zusammenhalt und eine gemeinsame Schlagkraft. Ist das Bild des Energiefasses eingeführt, kann in jedem Fachmeeting kurz abgefragt werden, wo sich der Pegelstand jedes Einzelnen befindet. Mit nur kleinen Gesten – Daumen rauf, runter, in der Mitte – kann ein Teammitglied Botschaft geben, wie es ihm gerade geht. Gemeinsam können Lösungen herauskristallisiert werden, wie anstehende Arbeitsaufträge zuverlässig abgearbeitet werden können, obwohl einzelne Akteure nicht in Hochform sind. Das übernächste Kapitel dieses Buches widmet sich intensiv dieser Thematik.

Natürlich kann die Fragestellung auch für eine ganze Organisation angewandt werden. Auch hier ergeben sich in kurzer Zeit spannende Aspekte, die schnell zur Priorisierung von Themen führen können. Hauptenergieräuber gehören blitzartig eliminiert, da sie an der Grundsubstanz der Organisation nagen können. Ein Unternehmen mit der Brille der Resilienz zu scannen, ist hochinteressant, da es andere Gewichtungen einführt. Der Gedanke der Zukunftsfähigkeit, der Krisensicherheit und Nachhaltigkeit ist dabei ganz entscheidend. In der Zukunft wird die Frage der Energiesicherung auf vielen Ebenen eines Unternehmens den Fortbestand und den Erfolg sichern.

SCHRITT 3

Fördern Sie kontinuierlich Ihre Resilienzfaktoren

»Resilienz ist kein statischer Zustand, sondern ein Prozess, der von Dynamik und Wechselwirkung geprägt ist. Stehaufmenschen haben gelernt, diesen Prozess an entscheidenden Stellen konstruktiv zu beeinflusssen.«

Ulrich Siegrist und Martin Luitjens (2011, S. 39)

Trainieren Sie Schritt für Schritt umfassende Souveränität

Wesentliche Faktoren der Resilienzentwicklung

Wie Sie den ersten Kapiteln sicher schon entnehmen konnten, geht es bei der Resilienzentwicklung ganz entscheidend um eine aufmerksame Selbstreflexion. Wenn Sie in dieser Entwicklung voranschreiten, lernen Sie Schritt für Schritt, sich selbst besser wahrzunehmen und in Ihren Verhaltensweisen genauer zu verstehen. Sie beleuchten Ihre bisherigen Gefühls-, Denk- und Handlungsmuster und überprüfen sie auf ihren Gehalt und ihre Wirkung. Sie setzen sich klare Ziele und lernen sie durch kleine, realistische Schritte zu realisieren. Fundierte Verhaltensänderungen basieren zumeist auf einer kontinuierlichen Arbeit an der inneren Haltung.

Der nächste Trainingsschritt widmet sich intensiv dieser grundlegenden Einstellung zu sich selbst, zu anderen Menschen und zur Umgebung. Wie ich es eingangs schon erwähnt habe, gründet sich das Resilienzkonzept auf folgende drei Einflussgrößen:

- angeborene Eigenschaften des Individuums,
- Fähigkeiten, die der Einzelne in Interaktion mit seiner Umwelt erwirbt, sowie
- umgebungsbezogene Faktoren.

Im Kontext der persönlichen und organisationalen Resilienzentwicklung bezeichne ich diese drei Ebenen als

- persönliche Grundhaltung,
- soziale Ressourcen und
- arbeitsbezogene Ressourcen.

Jeder Dimension ordne ich einen Human-Balance-Kompass zu. Als Erstes steht der Mensch in der Verbindung zu sich selbst im Mittelpunkt.

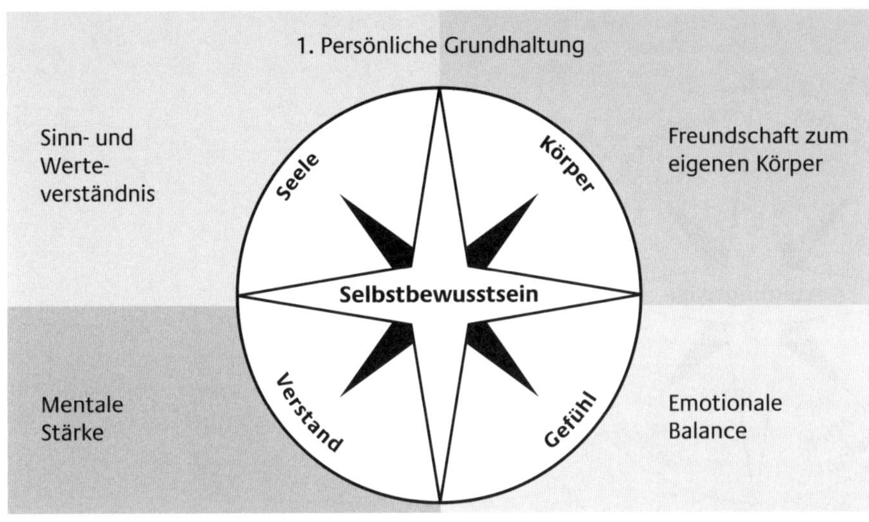

Im nächsten Schritt wird der Einzelne im Kontakt zu anderen Menschen und seiner Umgebung abgebildet.

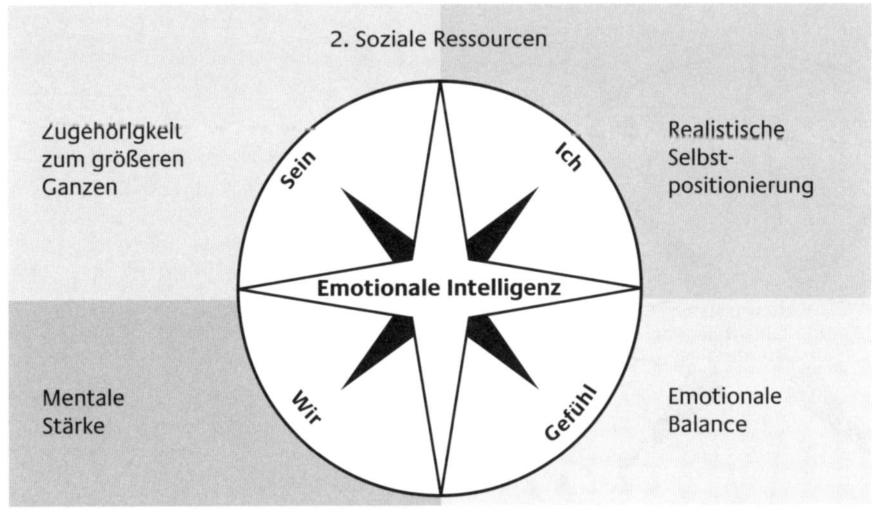

Der dritte Kompass bezieht sich auf die umgebenden Einflussfaktoren, die die Qualität eines Arbeitsplatzes auszeichnen. Gerade der Führende besitzt, seiner Rolle entsprechend, verschiedene Möglichkeiten und Handlungsspielräume, um auf diese Einflussgrößen gestalterisch einzuwirken.

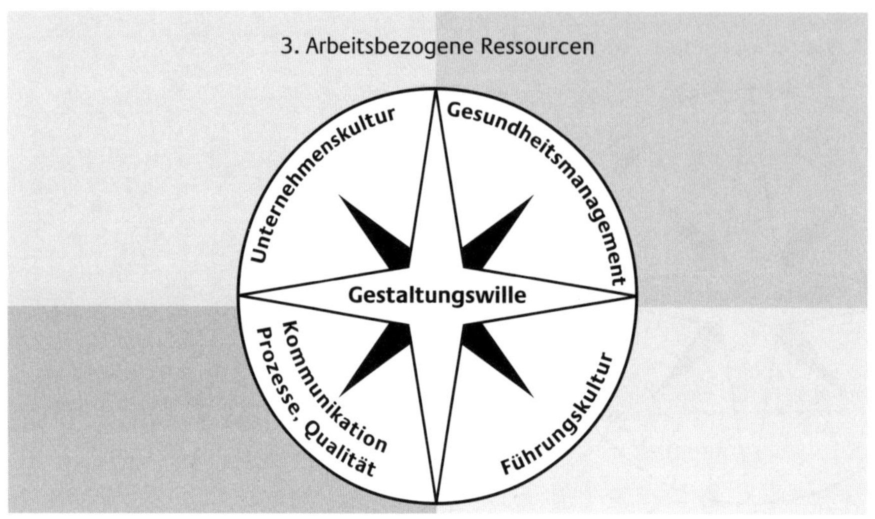

Diese verschiedenen Ebenen und Aspekte werden in einem Gesamtschaubild der Resilienzkompetenzen zusammengeführt.

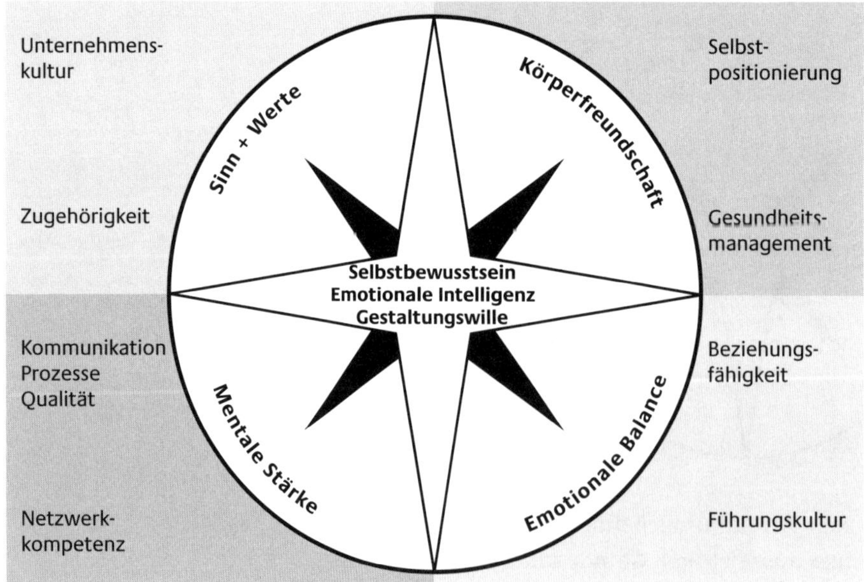

Widmen wir uns nun nacheinander den verschiedenen Ebenen:

Persönliche Grundhaltung

Selbstbewusstsein
Freundschaft zum Körper
Emotionale Balance
Mentale Stärke
Sinn- und Werteverständnis

Die Verbindung, die ein Mensch zu sich selbst gewonnen hat, das Selbstvertrauen und das **Selbstbewusstsein**, das er durch seine Biografie hindurch entfalten konnte, sind in vielen Fällen ausschlaggebend dafür, wie er sich erlebt und nach außen hin auftritt. Es gibt Glückskinder, die zur Welt kommen und mit sich sowie dem Leben im Reinen zu sein scheinen. Sie strahlen in sich und tragen diese Versonnenheit nach außen. Sie können dieses positive Lebensgefühl durch die verschiedenen Phasen ihrer Entwicklung beibehalten. Diese Sonntagskinder sind aber eher die Ausnahme. Normalerweise durchwandern wir Menschen Höhen und Tiefen, schwanken dabei zwischen Freude an unserem Dasein und tiefen Selbstzweifeln. Wir pendeln uns mit den Jahren, oft unbewusst, auf einem bestimmten Beziehungslevel zu uns selbst ein.

Diese Grundeinstellung zur eigenen Person, der Glaube an sich selbst, die Rückendeckung, Freundschaft und Liebe, die man sich täglich schenkt oder auch nicht, beeinflussen alle Gefühle, Gedanken und Handlungen, ob im privaten oder beruflichen Bereich. Ein Mensch, der zu sich steht und sich selbst mag, kann in vielen Situationen entspannt auftreten. Diese Souveränität bedingt, dass er fachliche, aber auch körperliche, emotionale und seelische Fähigkeiten viel besser anwenden und umsetzen kann als eine Person, die sich selbst zu sehr infrage stellt. Natürlich braucht es neben dieser Gelassenheit auch eine wache Spannung im Organismus und eine ständige Reflexion sowie Hinterfragung der einzelnen Handlungen. Die Mischung dieser beiden Pole – ich bezeichne es als einen Zustand der wachen Gelassenheit – ist eine hervorragende Ausgangsposition, um die verschiedensten fachlichen und menschlichen Fähigkeiten ins Lebensspiel zu investieren.

Resilienz, diese wunderbare Wesenskraft, knüpft sich ganz eng ans eigene Selbstbewusstsein, darum steht diese Qualität immer im Zentrum der Human-Balance-Kompasse. Selbstbewusstsein hat in der deutschen Sprache zwei Bedeutungen: Zum einen bezeichnet es die Wachheit in der Wahrnehmung und Reflexion, das Wissen um die eigene Person. Zum anderen beschreibt es das Vertrauen und die Sicherheit, die gerade durch die Klarheit zu sich selbst erwachsen können.

Resiliente Menschen leben in starker Verbindung zu sich selbst

Einem selbstbewussten Menschen merkt man an, dass er sich wohl in seiner Haut fühlt. Es beginnt schon bei Ausstrahlung und Präsenz. Man spürt förmlich, wie lebendig er seinen Körper bewohnt. Er behandelt ihn nicht als Maschine, die zu funktionieren hat, sondern nimmt ihn als lebendigen Sparringspartner wahr, mit dem er viel Genuss und Freude erleben kann. **Freundschaft zum Körper** heißt täglich auf ihn zu achten und starke, praxistaugliche Rituale zu entwickeln, die dem Körper helfen, gesund, fröhlich und vital zu bleiben.

Auch auf der emotionalen Ebene achten resiliente Personen auf Balance. Resilienz bedeutet ja nicht, keinerlei schlechte, niederdrückende Gefühle mehr zu haben, ganz im Gegenteil. Es beschreibt vielmehr die Fähigkeit, mit diesen Gefühlen in Kontakt zu sein und aktiv mit ihnen umzugehen. Tauchen Schmerzen, Ängste oder Enttäuschung auf, entsteht oftmals der Reflex, diese Gefühle verdrängen und verschwinden lassen zu wollen. Diese Abwehrreaktion verstärkt diese Emotionen zumeist. Es braucht Mut, auch Demut, um diese Stimmungen an sich heranzulassen, sie als Gesprächspartner anzuerkennen und ihren Botschaften zu lauschen. Dies ist kein einfacher, aber ein sehr direkter Weg, um wesentlichen Herzensbewegungen die Möglichkeit zu einer Veränderung, einer Transformation zu schenken. Gefühle, die sich ernst genommen fühlen und Raum sowie Respekt erfahren, können sich weiterentwickeln, verändern, im Fluss sein. **Emotionale Balance** und Stabilität entstehen durch Akzeptanz und aktive Verarbeitung all der Stimmungen, die sich zeigen.

Dies antizipiert eine **mentale Stärke**, eine Klarheit im Geist, die neben der emotionalen Beteiligung auch einen nüchternen Beobachter und Berater mit ins Spiel bringt. Jeder Mensch trägt die Fähigkeit der wertfreien Beobachtung in sich – ich nenne diese Position »den Zeugen«. Er betrachtet die Dinge aus ruhigem Abstand, verschafft sich Überblick, urteilt nicht vorschnell, sondern lässt Zusammenhänge zum Vorschein kommen. Er hat die Geduld, den Wellengang von Gefühlen und Gedanken zuzulassen, ohne sich darin zu verstricken. Gerade in Krisenzeiten können Stimmungen zwischen Hilflosigkeit, Ohnmacht, Lebensangst und auch Optimismus, Hoffnung und Vertrauen hin- und herpendeln. Resiliente Personen durchleben diese Phasen, aber besitzen einen festen Anker, der sie nicht weggeschwemmt werden lässt. Immer wieder suchen sie den Boden unter den Füßen und achten besonders auf eines: auf die Möglichkeit, positiven Einfluss auf das Geschehen zu nehmen. Mit ihrer mentalen Kraft können sie sich zielorientiert auf Handlungsspielräume konzentrieren und sich Wege aus der eigenen Misere bauen.

Bieten Körper, Herz und Verstand schon fantastische Möglichkeiten, sie bei rechter Bedienung facettenreich zu nutzen, offeriert die Seele noch eine ganz andere Qualität. Die stärkste, unerschütterliche Kraft eines Menschen nehme ich in dieser Dimension seiner Persönlichkeit wahr. Die Seele, auch als Wesensmitte oder Wesenskern benannt, spiegelt die Einzigartigkeit eines Menschen wider: seine Sehnsucht, seine Träume, seine Berufung, sein Sinn- und Werteverständnis, seinen Glauben oder Unglauben, seine ureigene Verortung innerhalb der großen Schöpfung, sein Potenzial, sich auf seine ganz individuelle Art und Weise ins Leben einzubringen. In der Seele können sich Vertrauen und Hingabe ans Leben bilden. Wer, gleich was ihm zustößt, das Leben als mysteriös, aber wohlmeinend begreifen kann, den kann auf Dauer nichts umwerfen. Durch sein tragfähiges **Sinn- und Werteverständnis** kann er auch den schwierigsten Momenten eine positive Komponente abgewinnen.

All diese Eigenschaften auf körperlicher, emotionaler, mentaler und seelischer Ebene greifen nahtlos ineinander über und machen insgesamt die persönliche Haltung aus.

Loslösen von einschränkenden Prägungen

Während Sie diese Zeilen lesen, werden Sie sicher ganz von alleine einen Abgleich starten, wie ausgeprägt Sie die vorgestellten Resilienzkomponenten in sich wahrnehmen. All diese Eigenschaften erwachsen in uns über Jahre, Jahrzehnte und beruhen auf verschiedenen Vorbedingungen und Erfahrungen in uns.

Jedes kleine Wesen, das zur Welt kommt, bringt eine ganz einzigartige Seelenkraft mit, die neben seinen Genen die Grundausstattung für sein

Leben bildet. Die sozialen Einflüsse, die ein Baby, ein Kind und ein Jugendlicher durchlebt, haben großen Einfluss darauf, welche der mitgebrachten und ererbten Wesensmerkmale und Potenziale sich in ihm entfalten. Wobei es weniger ausschlaggebend ist, was er erlebt, sondern wie er die Eindrücke verarbeitet. Emmy Werner hat dieses spannende Phänomen als Erste wissenschaftlich beschrieben. Die Entfaltung eines Menschen lässt sich nicht mathematisch aus seiner Herkunft, seinen Genen und seinen sozialen Einflüssen errechnen. Nein, in uns Menschen schweben so viele freie, uneinschätzbare, radikale Kräfte, die sich über alles Vorhersehbare hinwegsetzen und eine überraschende Eigendynamik entwickeln können.

Um die persönliche Resilienzentwicklung zügig voranzutreiben, ist es äußerst sinnvoll, sich mit seinen bisherigen Prägungen und Verarbeitungsstrategien auseinanderzusetzen. Die nächste Übung bietet Ihnen die Möglichkeit, sich Ihr Leben im Gesamten zu betrachten und Ihre bisherige Persönlichkeitsreifung sorgfältig unter die Lupe zu nehmen.

Übung: Die Biografielinie

Einführung

Im Laufe unseres Lebens sammeln wir Erfahrungen, die das Bild von unserem Selbst ausmachen. Erlebnisse, die wir in der frühen Kindheit machen, prägen besonders, da sie ungefiltert in unser Zellsystem wandern. Aber auch ein heranwachsendes Kind hat es nicht leicht, die Aussagen und Handlungen von Erwachsenen angemessen zu interpretieren. Es ist klein und betrachtet Dinge aus der Kinderperspektive, die es ihm nicht ermöglicht, zu relativieren oder umfassend zu hinterfragen. So passiert es, dass viele Erwachsene bis ins hohe Alter Aussagen der Mutter, des Vaters, der Großeltern, eines Lehrers, eines Pfarrers, eines Sporttrainers oder von anderen ihn beeinflussenden Personen in sich tragen.

Einige dieser Sätze wirken unterstützend und aufbauend, andere dagegen einschränkend auf das Selbstbewusstsein und die Resilienz. Wobei es nicht ausschlaggebend ist, was der Mensch erlebt, sondern welche Schlüsse er daraus gezogen hat und in welcher Form seine Verarbeitung stattfand. Daher arbeiten Sie in dieser Übung nur indirekt mit der Vergangenheit. Sie legen zwar eine Zeitschiene, mit deren Hilfe Sie in die Vergangenheit wandern. Bei dieser Arbeit tauchen aber hauptsächlich die Ereignisse auf, die hier und heute noch eine Macht über Sie haben.

Ziel

Sie betrachten Ihre gesamte Lebenslinie. Sie begeben sich auf Spurensuche nach Erlebnissen, Prägungen, Erfahrungen, Glaubenssätzen und übernommenen Handlungsmustern, die Sie in Ihrer inneren Widerstandskraft, Ihrer Verbindung zu sich selbst und in Ihrem Selbstvertrauen unterstützt beziehungsweise eingeschränkt haben.

Material
Langes Seil, Moderationskarten, Schreibbrett und Stifte.

Übungsablauf
Tragen Sie nach und nach Erlebnisse zusammen, die Sie in Ihrer Entwicklung gefördert beziehungsweise Sie eingeschränkt und behindert haben. Das können Erfahrungen mit Mutter und Vater sein, Großeltern, Geschwistern, Lehrern, Mitschülern, Freunden, in der Dorfgemeinschaft, in der Kirche, im Sportverein, aber auch später noch in der Ausbildungszeit, im Beruf, in der Ehe, in der Elternschaft und vieles andere mehr.

Schritt 1: Als Erstes sammeln Sie alle Ihre Erinnerungen bunt gemischt auf einem Schreibbrett. Lassen Sie sich dazu Zeit; meistens tauchen Stück für Stück auch tief vergrabene Erinnerungen auf.

Schritt 2: Übertragen Sie die wichtigsten Erinnerungen (es können 10 bis 15 Begebenheiten sein) auf Moderationskarten, und beschreiben Sie diese
- mit einigen prägnanten Wörtern,
- und einem Symbol.

Schritt 3: Nehmen Sie anschließend das lange Seil zur Hand und legen Sie nun Ihr gesamtes Leben aus (Start vor der Geburt), mit allen Höhen und Tiefen, die Ihre persönliche Lebensgeschichte ausmachen. Mithilfe des Seils können Sie bildhaft die Ausschläge nach oben und unten widerspiegeln.

Schritt 4: Dann platzieren Sie die Moderationskarten nach der zeitlichen Abfolge der Ereignisse in Ihre Lebenslinie hinein.

Schritt 5: Sobald das Schaubild liegt, treten Sie einen Schritt zurück und betrachten Ihre Biografielinie als Ganzes.

Schritt 6: Gehen Sie nun Schritt für Schritt diese Biografielinie durch und fragen Sie sich bei den jeweiligen Ereignissen:
- Was habe ich genau erlebt?
- Wie habe ich damals und in der Zeit danach die Erfahrungen verarbeitet?

Sie können die Linie als Ganzes durchwandern und die Erlebnisse insgesamt wirken lassen. Oder aber Sie bleiben bei einer einzigen, Ihnen wesentlich erscheinenden Begebenenheit stehen und vertiefen die Wahrnehmung.

Schritt 7: Lassen Sie zum Abschluss der Übung die Vielzahl der Erlebnisse ganz bewusst auf sich einwirken. Machen Sie sich deutlich, was Sie im Leben schon alles gemeistert haben. Verankern Sie Ihre Wahrnehmung in Ihren Fähigkeiten und Talenten. Stärken Sie ganz gezielt Ihr Selbstvertrauen und den Stolz auf sich selbst.

Tipps für Führungskräfte
Die Lebenslinie offenbart neben Mustern und Prägungen auch alte, emotionale Gepäckstücke, die Sie gegebenenfalls noch mit sich führen. Entlasten Sie Ihren Lebensrucksack, und verabschieden Sie sich von allen überflüssigen Energieräubern. Gehen Sie ungeklärte Konflikte an. Lösen Sie sich schrittweise von Dingen und Personen, die nicht mehr zu Ihnen passen, und schaffen Sie dadurch Platz für Neues. Übernehmen Sie die Verantwortung für Ihr Leben, und gestalten Sie es aktiv. Setzen Sie sich ein Ziel, und gehen Sie in kleinen, realistischen Schritten ans Werk.

Nach der eingehenden Beschäftigung mit der inneren Haltung rückt nun die Beziehung zu anderen in den Fokus der Betrachtung.

Soziale Ressourcen

Emotionale Intelligenz
Realistische Selbstpositionierung
Beziehungsfähigkeit
Netzwerkkompetenz
Zugehörigkeit zum größeren Ganzen

Erik Händeler ist Volkswirt und Zukunftsforscher und beschäftigt sich schon seit vielen Jahren mit der neuen Kultur, die unsere Arbeitswelt von uns verlangt. »Er vertritt die These, dass eine Kultur der Kooperation und das Sozialverhalten wichtige Eckpfeiler für den Wohlstand der Zukunft sein werden. Die Konkurrenzfähigkeit von Unternehmen hängt zunehmend davon ab, wie das Wissen gemanagt wird«, so schreibt Sybille Haas in einem Interview in der Süddeutschen Zeitung (»Die alten Chefs haben ausgedient«. 31.12.2011/01.01.2012, S. 25, SZ Wirtschaft). Hier ein Ausschnitt aus ihrem Gespräch:

»›Herr Händeler, Wissen wird zum Rohstoff der Zukunft. Welche Charaktereigenschaften in Unternehmen brauchen wir?‹
›Menschen, die in der Lage sind, das Wissen zusammenzuführen und die sich vom Statusdenken verabschieden. Menschen, die ihre eigene Wahrnehmung hinterfragen. Leute, die Konflikte transparent analysieren können und die mit offenem Visier streiten.‹
›Welche Eigenschaften sind konkret wichtig?‹
›Kooperationsbereitschaft und die Fähigkeit, sich auf andere einzulassen. Sozialkompetenz wird so wichtig, wie nie zuvor.‹
›Betrifft das alle hierarchischen Ebenen?‹
›Ja. Der Erfolg von Firmen wird davon abhängen, wie Mitarbeiter mit Wissen umgehen. Und Umgang mit Wissen ist immer auch Umgang mit anderen Menschen, die man unterschiedlich gut kennt und unterschiedlich gerne mag. Wissen zusammenzuführen ist eine soziale Fähigkeit [...].‹
›Wie bringt man einen Menschen dazu, sich sozial zu verhalten?‹
›Es gibt eine ökonomische Notwendigkeit, sich kooperativ zu verhalten. Wenn die Firmen das nicht hinkriegen, werden sie hohe Reibungsverluste haben, viel zu teuer produzieren und irgendwann vom Markt verschwinden.‹«

Eine Organisation, die schnell, flexibel und wendig die Anliegen, Sorgen und Nöte ihrer Kunden bedienen und lösen möchte, muss intern blitzsauber aufgestellt sein. Wenn ich Führende befrage, wo ihr Unternehmen Zeit, Geld und Reputation beim Kunden verliert, kommt sehr schnell zutage, dass es viel zu oft um interne Querelen (und mangelhafte Zusammenarbeit) geht. Hierzu ein prägnantes Beispiel.

Es gilt, intern seine Hausaufgaben zu machen

Zwei Geschäftsführer bitten mich, mit ihren Abteilungsleitern ein Kommunikationstraining zu machen. Ihre Firma produziert Maschinen, die in der Tourismusbranche eingesetzt werden. Fällt eines ihrer Produkte nur für einige Stunden aus, verliert der Betreiber Unsummen von Geld. Alle Außendienstmitarbeiter und die Techniker, die die Hotline bedienen, müssen kommunikativ top geschult sein, da sie es in vielen Gesprächen mit hoch aufgeladenen Konfliktsituationen zu tun haben. Mit jedem ihrer Kunden kommt es zwangsläufig irgendwann zu Spannungen, da die hoch technisierten Maschinen immer wieder störanfällig sind.

Die Situation erschien mir sehr einleuchtend, und ich startete mit der ersten Gruppe in das Training. Vor mir saßen Personen, die eine sehr klare und einfühlsame Sprache beherrschten. In den ersten Rollenspielen offenbarte sich schnell, dass sie Könner darin waren, angespannte, turbulente Gesprächsverläufe konstruktiv zu beruhigen, um schnell auf Lösungen zuzusteuern.
Interessant – die Kommunikation zum Kunden war also nicht ihr Problem. Wir gingen gemeinsam auf Spurensuche, wo denn ihr »Löffel« vergraben lag. Mit der Zeit schälte sich eine Thematik heraus, die ihnen schon lange bekannt war, aber um die sie sich immer wieder herumdrückten: der interne Austausch zwischen ihren Schnittstellen. Die meisten Mitarbeiter der Firma kannten sich schon sehr lange und waren gut miteinander befreundet. Über die Jahre hinweg hatten sich zwischen ihnen feste Beziehungsmuster gebildet, die einen professionellen Ablauf ihrer Prozesse zunehmend behinderten. Das Tempo, das heute von ihnen in der Auftragsabwicklung und im Krisenmanagement verlangt wird, verlangt eine knallharte Termintreue zwischen den Schnittstellen, und die hielten sie gegenseitig oftmals nicht ein.
Die Probleme mit den Kunden tauchten auf, weil sie intern keine klare, eindeutige, unmissverständliche Sprache miteinander fanden. Sie waren zu lieb und nett zueinander und konnten sich gegenseitig nicht auf den Punkt bringen. Das erste Gespräch darüber wirkte für alle Beteiligten erleichternd. Endlich gestatteten sie sich, Dinge aus professioneller Sicht klar zu benennen, ohne das Gefühl zu haben, einem Freund dabei zu nahe zu treten. Ihnen wurde bewusst, dass sie an dieser Stelle wichtige Hausaufgaben zu erledigen hatten, die sie an einem hochsensiblen Punkt ihrer Führungskultur herausforderten.

Soft Facts are Hard Facts

Die **emotionale Intelligenz** einer Führungskraft kann für ein Unternehmen heutzutage Gold wert sein. Durch den Übertritt ins Wissens- und Informationszeitalter ist die Fähigkeit, mit einer anderen Person in Beziehung zu treten und einen konstruktiven, vertrauensvollen Austausch zu gestalten, zur Kernkompetenz schlechthin geworden. »*Wissensmanagement ist zu 80 Prozent Vertrauenssache*«, hörte ich vor einigen Jahren einen Spezialisten darüber referieren. Genau das Gleiche betrifft auch das Ressourcen-, das Krisen-, das Verhandlungs- oder das Gesundheitsmanagement. Ich kenne kaum einen Bereich eines Unternehmens, der nicht durch gute Kommunikation in seiner Effizienz und Leistung erheblich gesteigert werden könnte. Gelungener Austausch ist die Basis von effizienter Zusammenarbeit und

Interaktion – in diesem Thema steckt immens viel Geld, Zeit und Eustress beziehungsweise Disstress verborgen. Emotionale Intelligenz bedeutet, dass ich mich in jede Person, gleich wer mein Gegenüber ist, hineinversetzen kann und in kurzer Zeit sein Lebensgefühl, seine Anliegen, seine Wünsche als auch Befürchtungen, Ängste und wunden Punkte erkenne. Dementsprechend vermag ich, das Gespräch aufzubauen und zu steuern.

Die persönliche **realistische Positionierung** ist dabei immens wichtig. Resiliente Personen haben durch ihr gesundes Selbstvertrauen kein Bedürfnis, sich in den Vordergrund zu spielen. Sie brauchen ihre Gesprächspartner nicht kleiner zu machen oder gar überheblich zu behandeln, um sich selbst irgendeine Form der Bestätigung oder Macht zu sichern. Da sie ihr Selbstwertgefühl aus vielerlei Quellen zu speisen verstehen, können sie die Gefahr von emotionalen Verstrickungen schneller durchdringen und aktiv ausbalancieren. Sich klar und eindeutig zu positionieren, ohne dass sich ein anderer Mensch dadurch provoziert oder abgewertet fühlt, ist zum einen eine Gabe, aber auch ein Handwerk, das es zu üben gilt. In Unternehmen kommt es leider oft zu Grabenkämpfen und narzisstischen Machtansprüchen. Einzelne Bereiche und Abteilungen werden in persönliche Besitztümer verwandelt, und das Gesamtunternehmen verliert an Schlagkraft durch die Fragmentierung in Einzelinteressen. Diesen gefährlichen Strömungen gilt es, ganz massiv entgegenzusteuern, da sie extrem destruktiv wirken können. Es braucht Führende, die souverän um ihren eigenen Wert wissen und sich weder unter ihrem Niveau noch darüber positionieren.

Man könnte meinen, dass **Beziehungsfähigkeit** eine Eigenschaft ist, die uns in die Wiege gelegt wurde. Bei näherer Betrachtung bemerkt man aber, dass auch diese Fähigkeit immense Potenziale der Entfaltung in sich birgt. Zunächst lernen wir über die Verhaltensweisen unserer Eltern, unserer gesamten Herkunftsfamilie und dem uns umgebenden sozialen Umfeld, wie wir aufeinander zugehen, ins Gespräch kommen, Nähe und Distanz steuern, Konflikte austragen oder auch nicht, wertschätzen und kritisieren. Die Prägungen der ersten Lebensjahre sind gewaltig und bei vielen Menschen noch im hohen Alter abzulesen. Die meisten Führungskräfte, die ich näher kennenlernen durfte, führen zu großen Teilen genauso, wie sie es sich im Elternhaus abgeschaut haben.

Die von ihnen besuchten Führungstrainings konnten nur ihre oberflächlichen Verhaltensweisen beeinflussen, drangen in den meisten Fällen aber nicht zu ihrer prinzipiellen inneren Haltung vor. Diese kann durch gezieltes Training aber auch verändert werden. Einschränkende Beziehungsmuster können identifiziert und mit der Zeit aufgelöst beziehungsweise umgeschrieben werden. Dazu braucht es jedoch eine klare Entscheidung, sich auf diesem Gebiet tatsächlich weiterentwickeln zu wollen.

Das Gleiche gilt für die **Netzwerkkompetenz**, also für die Fähigkeit, Netzwerke aufzubauen und in ihrer Tragfähigkeit stabil und sicher auszubilden. In allen Resilienz-Studien wird ausführlich darauf hingewiesen, wie wertvoll und sinnvoll es für Personen in guten wie auch schlechten Zeiten ist, vitale Verbindungen zu vielen verschiedenen Personen zu besitzen. Seit einigen Jahren begleite ich Führungskräfte, die aus welchem Grund auch immer ihre Stelle verloren haben und sich in einem Outplacement-Prozess befinden. Zum einen zeigt schon die Analyse ihrer Trennungssituation, wie wichtig es ist, die Mikropolitik des eigenen Unternehmens gut zu kennen und sorgfältig auf die Pflege der Beziehungsbänder in alle Richtungen zu achten. Zum anderen macht es sich gerade in der Situation des Berufswechsels bemerkbar, ob ein Mensch mit offenen Augen durchs Leben geht und in viele Richtungen Kontakte knüpfen kann. Im Notfall kann es bedeutsam sein, über viele verschiedene Optionen zu verfügen, die man anzapfen kann. Selbst wenn sich nicht jeder Kontakt als fruchtbar und nützlich erweist, hat der Mensch das Gefühl, in Aktion zu sein – und durch Bewegung entstehen zumeist die besten Ideen.

Besonders das Gefühl der **Zugehörigkeit zu einem größeren Ganzen** kann einem Menschen den Rücken stärken.

Eine starke, unumstößliche Quelle innerer Kraft

Ich erinnere mich an einen Geschäftsführer, der vor einigen Jahren zu mir zum Einzelcoaching kam. Er hatte in seinem Unternehmen einige komplizierte Entscheidungen zu fällen und tat sich damit immens schwer.
Ihm fehlte die innere Standfestigkeit, Ablehnung und Kritik zu ertragen, die ihm durch den neuen Kurswechsel ins Haus standen. Mithilfe der Biografielinie durchforsteten wir sein Leben, wie es ihm bisher in solchen Situationen ergangen war. Die letzten Jahre beziehungsweise Jahrzehnte hatten ihm schwer zugesetzt, da seine Geschäftsführerkollegen viele seiner Entscheidungen aus reinem Sportsgeist anzweifelten. Er lernte, Kompromisse einzugehen an Stellen, die ihm nicht guttaten, denn er verlor dabei seine eigene Durchsetzungskraft.

Vor dieser Lebensphase stieß er aber auf eine starke Ressource. In jungen Jahren hatte er sich leidenschaftlich in der Kirche engagiert, und zu dieser Zeit fiel es ihm überhaupt nicht schwer, durchaus streitbar seine Werte durchzufechten. Auf die Frage, was denn den Unterschied zu heute ausmachen würde, erklärte er mir: »Damals war ich nicht allein. Ich fühlte in meinem Inneren eine starke Verbindung zu einer höheren Kraft – das schenkte mir den Mut, durch viele Feuer durchzumarschieren.« Allein durch diese Erzählung tankte er sichtlich Energie auf.

Jeder von uns wird dieses Gefühl der Zugehörigkeit zu einem Größeren als uns selbst kennen, wie immer er diese Wahrnehmung auch für sich formulieren und interpretieren möchte. Wer diese Dimension lebendig in sich trägt, kann manches Tagesgeschehen relativieren und in einen anderen Kontext stellen. Daraus ergeben sich neue Handlungsoptionen.

Auch auf dem großen Feld der sozialen Ressourcen verweben sich alle Kompetenzen miteinander und bilden zusammen die Ausstrahlung und Wirkung eines Menschen auf andere Personen. Betrachten wir nun auch die umgebenden Faktoren, die auf Führende und Mitarbeiter einwirken beziehungsweise von ihnen mitgestaltet werden.

Arbeitsbezogene Ressourcen

Gestaltungswille
Gesundheitsmanagement
Führungskultur
Kommunikation / Prozesse / Qualität
Unternehmenskultur

Resiliente Menschen suchen Handlungsspielräume

Gestaltungswille, der Antrieb, Dinge und vor allem Menschen zu entwickeln, der Mut, einzugreifen und Position zu beziehen, die Energie, Entscheidungen zu treffen und durchzusetzen – all diese Eigenschaften sind in einem Führenden angelegt, sonst hätte er sich diese verantwortungsvolle Tätigkeit nicht ausgesucht. Dabei gibt es viele verschiedene Wege, um diese

Aufgabe auszufüllen. Auch wenn Hierarchien schon seit langer Zeit immer flacher werden, existieren weiterhin Führende, die mit dominantem Auftreten ihre Abteilung oder ihr Team voranbringen. Andere treten sehr ruhig und eher bescheiden auf und überzeugen auf Dauer durch ihre Beharrlichkeit und Ausdauer. So oder so, auf Dauer zählt die tatsächliche Wirkung, die ein Verantwortungsträger mit seinem Führungsstil erzielt.

Ich kenne aufbrausende Patriarchen, die sich bei ihrer Belegschaft einen »Rumpelbonus« errungen haben, weil sie trotz mancher Eigenarten das Herz am rechten Fleck tragen. Andere, oft sehr sympathische, herzliche Menschen können sich auf Dauer nicht durchsetzen, da ihnen der nötige Biss fehlt, mit jeder Widrigkeit zurechtzukommen. Mit der Resilienzbrille betrachtet, geht es beim Thema »Gestalten« auch nicht um die Art der Führung, sondern um die richtige Strategie, sein Ziel zu erreichen. Flexibel zu sein, bedeutet eine reiche Klaviatur an Denk- und Verhaltensweisen zu besitzen, auf der man spielen kann.

Mut und Kraft zum Gestalten bedeuten, Gegenwind zu akzeptieren und auch nach Rückschlägen und schweren Enttäuschungen aufzustehen und aus Fehlern zu lernen.

Resiliente Personen definieren sich selten als Opfer, sondern nehmen eher die Rolle des Mitverantwortlichen beziehungsweise des Täters ein. Selbst wenn ihnen Unrecht widerfahren ist, halten sie sich nicht allzu lange mit Jammern und Klagen auf. Ein Opfer liegt am Boden oder steht an die Wand gepresst und kann sich nicht wehren. Wer aus freien Stücken diese Rolle aufgibt, verzichtet zwar auf Mitleid, holt sich aber den Spielraum zum Handeln zurück.

Bietet die heutige Arbeitswelt überhaupt Ressourcen?

Durch die ganze Burnout-Diskussion erwächst mehr und mehr das Bild, dass unsere heutige Arbeitsform uns vornehmlich aussaugt und beschädigt zurücklässt. Dieser Sichtweise möchte ich vehement widersprechen. Denn zunächst ist es ein großes Geschenk, eine Arbeit zu besitzen. Eine gute Freundin von mir, Sigrid Thiem, leitet mit ihrem Mann zusammen eine Einrichtung zur Suchtentwöhnung, die Laufer Mühle in der Nähe von Erlangen, in der sie Menschen auf höchst kreative Weise begleiten, wieder in ein selbstständiges, erfülltes Leben zurückzufinden. Die Vorträge über ihre Einrichtung sind immer ein Feuerwerk an Ideenreichtum, wie sie es schaffen, das zerstörte Selbstwertgefühl eines (ehemals) Abhängigen wieder aufzubauen und nach und nach zu stabilisieren. Auffallend in all ihren Erzählungen ist, wie wichtig für diese Menschen ein Arbeitsplatz ist, mit dem sie eine sinnvolle Aufgabe innerhalb unserer Gesellschaft wahrnehmen können.

Wir sind nun einmal zutiefst soziale Menschen und haben einen starken, intrinsischen Impuls, zu unserer Lebensgemeinschaft einen wichtigen, wesentlichen Beitrag zu leisten. Ob dies über bezahlte Arbeit oder Familiendienst oder ehrenamtliche Tätigkeit erfolgt, hat mit dem jeweiligen Lebenspfad eines Menschen zu tun. Doch jeder von uns braucht für sein Glück im Leben eine Aufgabe, die ihn ausfüllt.

Der Beruf kann eine große Bereicherung zu diesem Lebensglück sein, wenn er Arbeitsbedingungen anbietet, die dem Menschen seine persönliche Integrität erhalten beziehungsweise ausbauen lassen. Dafür gilt es, sich einzusetzen, zu kämpfen! Und so gefällt mir der Ausspruch des Trendforschers Peter Wippermann so gut (s. S. 12): »Die Spielregeln für die Netzwerkgesellschaft werden ja gerade erst ausgehandelt.« Folgende Faktoren sollten heute bei einer Unternehmensführung unbedingt beachtet werden, da sie ein förderliches Umfeld erschaffen.

Das betriebliche **Gesundheitsmanagement** gehört mitten hinein in die Unternehmensstrategie, denn es kann nicht mehr als nettes Add-on verstanden werden, das unter »ferner liefen« abgehandelt wird. Viele Betriebe haben für die rein körperlichen Bedürfnisse auch schon viele gute Angebote im Alltag verankern können: den Wasserspender auf dem Gang, den reich gefüllten Obstkorb in der Cafeteria, ergonomische Bürostühle, Rückenschule, Laufkurse, Ernährungsberatung, regelmäßigen Gesundheitscheck und vieles andere mehr. All diese Aktionen erreichen aber keinen Menschen, der sich in einer psychosozialen Erkrankung verstrickt hat. Die Errungenschaften der letzten Jahrzehnte greifen an dieser Stelle nicht mehr. Die Arbeitswelt hat beim Thema »Gesundheit beziehungsweise Krankheit« in den letzten Jahren ein neues Kapitel aufgeschlagen. Leider findet man in vielen Organisationen auf dieser neuen Kapitelseite nichts als gähnende Leere. Langsam keimen in manchen Firmen die ersten mutigen Versuche auf, Erschöpfungskrankheiten aktiv entgegenzusteuern – aus meiner Sicht noch viel zu zögerlich und zu inkonsequent. Prävention ist angesagt – das sagt allein der gesunde Menschenverstand. An dieser Stelle sollten wir gesellschaftlich dringend Gas geben. Wobei die Hauptverantwortung für Gesundheit und Wohlbefinden immer bei jedem einzelnen Menschen selbst liegt. Hier sind wir wieder beim Thema der persönlichen Grundhaltung.

Auch die **Führungskultur** gehört endlich, endlich ernst genommen und konsequent gefördert. Krankenstandsquoten korrelieren auffallend stark mit den Kompetenzen beziehungsweise Defiziten der jeweiligen Führungskraft, auch das belegen Studien seit Jahren. Führungskräfte nehmen bei ihrer Versetzung in andere Abteilungen die Krankenstandsquote der Mitarbeiter mit – solche Zahlen müssen aufrütteln. »Heutzutage sterben mehr Arbeitnehmer an schlechten Führungskräften als an einem Arbeitsunfall«, hörte ich vor einiger Zeit einen Ministerialrat sagen. Auch die Arbeitsschutzgesetze treffen nicht mehr den Nerv der heutigen Belastungen. Führende selbst benötigen intensivere Unterstützung, um ihren facettenreichen Aufgaben gerecht werden zu können. Die Führungskultur gehört ebenfalls in die Unternehmensstrategie eingegliedert. So sollte es neben der Führungslaufbahn die Möglichkeit zur Fachlaufbahn geben. Führungsverhalten sollte an Gehalt und Boni gekoppelt werden, dazu braucht es aber ebenfalls entsprechende Entwicklungsprogramme und realistische Rollenbesetzungen. Natürlich trägt der Führende selbst genauso die Verantwortung zu seiner kontinuierlichen Weiterbildung. Sollte der Arbeitgeber bestimmte Möglichkeiten nicht zur Verfügung stellen, ist das keine Entschuldigung, sich selbst nicht beständig weiterzuentwickeln. Auch an dieser Stelle greift das Resilienz-Prinzip des eigenen Gestaltungswillens, sich das nötige Wissen und Können eigenverantwortlich anzueignen.

Im Bereich der **Prozessoptimierung**, des **Qualitätsmanagements** und der strukturierten, transparenten **Kommunikation** ist in vielen Betrieben schon Großes geleistet worden. Qualitativ hochwertige, reibungslose Arbeitsabläufe sind die Grundlage für den Erfolg einer Organisation. Wie schon im ersten Trainingsschritt beschrieben, gehören Organisationsaufbau und -ablauf immer wieder auf den Prüfstand, ob sie den aktuellen Bedürfnissen entsprechend angemessen ausgelegt sind. Flexibilität und Belastungsfähigkeit in den Organisationsstrukturen zu realisieren, ist eine große Herausforderung. Sie wird allerdings bei der Geschwindigkeitszunahme der Globalisierung nicht nur zum Krisenmanagement, sondern zum Standardprogramm eines guten Unternehmens dazugehören.

Die **Unternehmenskultur** ist letztendlich die Summe aller menschlichen und sachlichen Faktoren, die eine Organisation ausmachen. Zu viele hehre

Werte, die plakativ an jeder Wand hängen, stellen in vielen Fällen einen zu hohen Anspruch an die Persönlichkeitsreife der einzelnen Akteure. Theoretisch sind die Spielregeln schnell zusammengetragen, die einen festen Zusammenhalt in der gesamten Unternehmensmannschaft garantieren könnten. Doch die Umsetzung all dieser guten Erkenntnisse steht auf einem anderen Blatt.

Die Resilienzkompetenz an dieser Stelle besteht darin, sich mit dem Machbaren zu beschäftigen und keinen falschen, unrealistischen Zielen nachzujagen. Lieber sich zwei, drei starke Werte vorknöpfen, die mit der Lebensrealität der Beteiligten in Übereinstimmung gebracht werden können, und diese konsequent und freudig leben. Weniger kann mehr sein, besonders wenn es um die Umsetzung geht.

Checkliste

Auf den nächsten Seiten werden Indikatoren aufgelistet, die die Resilienz eines einzelnen Menschen, eines Führenden und einer Organisation ausmachen. Die Inhalte lehnen sich an die in diesem Buch vorgestellten Resilienzfaktoren an.

Die einzelnen Fragen geben Ihnen und Ihren Mitarbeitern die Möglichkeit, Ihre bisherige Lebenshaltung sowohl im persönlichen als auch beruflichen Kontext zu überprüfen. Der Fokus richtet sich immer wieder auf die Kernthemen: Selbstkenntnis, Selbststeuerung, Selbstwirksamkeit, Kooperationsfähigkeit, Kommunikation, Verantwortungsbereitschaft, Gestaltungskraft, den Blick auf Chancen statt auf Probleme richten, Mut und Kraft, in unbekanntes Terrain vorzustoßen, die Robustheit, mit Rückschlägen umzugehen …

Mithilfe des Fragebogens, den Sie ausfüllen können, werden Sie überprüfen, welche dieser Fähigkeiten Sie schon entfaltet haben. Einige der angesprochenen Eigenschaften werden Sie vielleicht bereits aktiv in Ihrem Leben umsetzen. Andere sind Ihnen möglicherweise weniger vertraut. Die Fragen regen dazu an, bestehende Kompetenzen zu vertiefen und noch schlummernde Potenziale konsequent aufzuwecken.

Gehen Sie die Checkliste in Ruhe durch und machen Sie sich klar, was Sie schon können und woran es Ihnen noch mangelt! Es ist positiv, wenn Sie in jedem der einzelnen Felder schon mit einer Befähigung vertraut sind, daran können Sie dann anknüpfen. Interessant ist, ob Sie in einer der Dimensionen besonders gut aufgestellt sind, aber dafür in einer anderen weniger. Nach der Standortbestimmung richten Sie den Blick nach vorne: An welchen Punkten möchten Sie arbeiten? Suchen Sie sich zwei bis drei Themen heraus, bei denen Sie das größte Drehmoment für aktuelle Belastungen von sich selbst vermuten! Stecken Sie sich ein klares Ziel, was Sie bis wann erreichen möchten, und erstellen Sie sich einen Trainingsplan! Weiche Faktoren gehören genauso systematisch geschult und in kleine, realistische Lernschritte zerlegt wie Fachthemen.

☑ Resilienz-TÜV für den Mitarbeiter

Selbstbewusstsein

- ☐ Ich bin ein gut reflektierter Mensch und hinterfrage regelmäßig meine Verhaltensweisen. Dabei achte ich auch auf meine eigenen Bedürfnisse und Anliegen.
- ☐ Ich vertraue mir selbst. Aus Fehlern kann ich immer lernen. Krisenzeiten haben mich bisher erfahrener und stärker gemacht.
- ☐ Herausforderungen und Veränderungen betrachte ich als Chance zur Weiterentwicklung und bevorzuge eine positive Grundeinstellung. Ich habe erfahren, dass ich für die meisten Probleme eine gute Lösung finden kann. Dabei suche ich jede Art von Unterstützung, die mir hilfreich sein kann.

Freundschaft zum Körper

- ☐ Ich kenne meinen Körper und mag ihn. Ich fühle mich wohl in meiner Haut.
- ☐ Ich achte auf Essen, Trinken, Bewegung, Regeneration und Schlaf. Ich habe im Alltag Rituale entwickelt, die mir helfen, Stress auszubalancieren und mich gesund und vital zu erhalten.
- ☐ Ich höre auf die Botschaften meines Körpers und folge ihnen. Ersten Symptomen schenke ich Aufmerksamkeit und gehe frühzeitig auf sie ein.

Emotionale Balance

- ☐ Ich nehme meine Gefühle wahr und kann sie angemessen ausdrücken. Meiner Intuition vertraue ich mich gerne an.
- ☐ In Krisenzeiten bewahre ich Ruhe und lasse mich nicht von meinen Emotionen wegschwemmen. Ich kann mich gut abgrenzen und lasse mich von täglichen Problemen nicht auffressen.
- ☐ Mit Ängsten, Zweifeln oder anderen Irritationen gehe ich aktiv um. Zumeist tragen Sie eine wichtige Botschaft in sich, der ich gut zuhöre. Gleichzeitig betrachte ich sie auch aus anderen Blickwinkeln, was mich darin unterstützt, belastende Stimmungen auszubalancieren.

Mentale Stärke

- ☐ In komplexen, turbulenten Situationen bewahre ich den Überblick. Ich nehme mir Zeit, um Klarheit zu schaffen und Dinge in einem größeren Kontext zu erkennen.
- ☐ Ich achte auf eine realistische Reflexion der Umstände. Ich denke systemisch und unterscheide zwischen Symptom und Wurzel. Ich zerlege vielschichtige Inhalte in übersichtliche Themengruppen und erzeuge Transparenz.
- ☐ Ich lasse mich mental in keine Ecke drängen. Ich konzentriere mich zielgerichtet auf Handlungsspielräume und schöpfe jede Möglichkeit aus, um positiven Einfluss auf Geschehnisse zu nehmen.

Sinn- und Werteverständnis

- ☐ Ich kenne meine Werte und lebe sie im Alltag.
- ☐ Ich ziehe meine Kraft aus der Identifikation mit meinem Fühlen, Denken, Reden und Handeln. Erlebe ich in mir einen Gewissenskonflikt, verdränge ich ihn nicht, sondern suche aktiv nach einer Lösung – auch wenn es Zeit und Geduld bedarf.
- ☐ Ich überfordere mich selbst und andere nicht mit hehren, unrealistischen Ansprüchen. Ich besinne mich auf die Machbarkeit meiner Werte und erfreue mich an kleinen Dingen.

☑ Resilienz-TÜV für Führende

Emotionale Intelligenz

- ☐ In vielen Situationen ist eine gute Kommunikation unerlässlich. So habe ich gelernt, mich in mein Gegenüber hineinzuversetzen, auch wenn ich diesen Menschen bisher kaum kenne oder er mir unsympathisch ist.
- ☐ Ich berücksichtige die Anliegen und Ziele, die Aufnahmebereitschaft und Dialogfähigkeit meines Gesprächspartners und steuere den Austausch aktiv und konstruktiv.
- ☐ Ich befasse mich mit den Stärken und Schwächen einer Person und weiß, ihre positiven, kraftvollen Seiten zu stärken.

Realistische Selbstpositionierung

- ☐ Ich kann mich klar und eindeutig positionieren und engagiere mich für die Anliegen von mir und meinen Mitarbeitern. Dabei übernehme ich mich nicht.
- ☐ Ich überprüfe Ziele auf ihre realistische Umsetzbarkeit und bedenke das Ressourcenmanagement genau. Ich schaue nach vorne und plane strategisch. Worst-Case-Szenarien baue ich mit ein und kreiere vielfältige Lösungswege.

☐ Ich verstricke mich nicht in Machtspiele und Narzissmen, die immer wieder auftreten. Ich verurteile sie nicht, denn sie sind menschlich. Aber ich kann mich klar gegen sie abgrenzen.

Beziehungsfähigkeit

☐ Mir fällt es leicht, Beziehungen zu knüpfen und aus einem ersten, guten Kontakt ein tragendes Beziehungsband wachsen zu lassen.

☐ Zu einer guten Beziehung gehören positive, harmonische Momente genauso wie Auseinandersetzungen und Konflikte. Diese bieten eine Chance, sich offen und ehrlich auszutauschen und dadurch enger zusammenzuwachsen.

☐ Ich hole mir von anderen Feedback ein und gebe es auch aktiv. Dazu gehört Wertschätzung genauso wie konstruktive Kritik.

Netzwerkkompetenz

☐ Ich kann Netzwerke in meinem Team beziehungsweise in der Organisation knüpfen und gestalten. In diesem Kontext berücksichtige ich die Ressourcen, die in diesen Verbindungen liegen.

☐ Wenn es eng wird, weiß ich genau, bei wem ich mir für welche Fragestellung Rat holen kann. Ich achte dabei auf ein Gleichgewicht von Geben und Nehmen.

☐ Ich kann Menschen zusammenbringen und inspirieren. Es liegt mir, das Wissen und die Kraft, die in einem Team beziehungsweise in einem Unternehmen schlummern, zu aktivieren und produktiv anzustoßen. Ich kann Wissen und Ideen zusammenführen und zur Umsetzung bringen.

Zugehörigkeit zu einem größeren Ganzen

☐ Ich fühle mich nicht als Einzelkämpfer, sondern fühle mich in größeren Strukturen getragen.

☐ Ich kenne die Werte meiner Organisation und nutze sie, um das tägliche Geschehen erfolgreicher, wertvoller und beseelter zu gestalten.

☐ Ich weiß um meine Kraftquellen, die im Leben beziehungsweise der Schöpfung an sich ruhen. Ich erinnere mich immer wieder an meine Energiespeicher der inneren Ruhe und Ausrichtung und tanke an ihnen auf.

☑ Resilienz-TÜV für Organisationen

Gestaltungswille

- ☐ Unser Unternehmen achtet ganz bewusst auf eine nachhaltige Widerstandskraft. Mögliche Krisenszenarien werden in aller Ruhe proaktiv durchgespielt. Sicherungsseile werden präventiv ins Unternehmen eingezogen, die Maßnahmen werden mit allen Mitarbeitern offen ausgetauscht und abgestimmt.
- ☐ Die Organisation überprüft immer wieder ihre Strategien und bisherigen Handlungsmuster. Dabei nutzt sie das Wissen der ganzen Belegschaft und besitzt den Mut, gerade auch die Querdenker zum Diskutieren einzuladen. Es herrscht eine Kultur des Vertrauens sowie des gegenseitigen Zuhörens und gemeinsamen Anpackens.
- ☐ Das Unternehmen besitzt auf sachlicher und menschlicher Ebene eine reiche Klaviatur an Handlungsmöglichkeiten, die die Belegschaft immer wieder variantenreich durchspielt. Rollen können gewechselt werden, Strukturen und Prozesse sind nicht verkrustet.

Gesundheitsmanagement

- ☐ Das Gesundheitsmanagement ist in die Unternehmensstrategie integriert und wird mit allen anderen Handlungssträngen sinnhaft verflochten.
- ☐ Der Mensch wird als Ganzes gesehen und auf körperlicher, aber auch auf mentaler, emotionaler und seelischer Ebene in seiner Gesundheit unterstützt. Energieräubern wird auf allen Ebenen aktiv entgegengewirkt.
- ☐ Das Unternehmen verfolgt Präventivmaßnahmen. Über psychische Erschöpfung oder Erkrankung kann offen und natürlich gesprochen werden.

Führungskultur

- ☐ Eine Führungskraft wird aufgrund ihrer sozialen Eignung eingesetzt. Neben der Führungslaufbahn existiert eine Fachlaufbahn. Führungsaufgaben werden mit klar definierten Zielen versehen und genauso überprüft wie sachliche Ziele und gegebenenfalls an Gehalt sowie Boni geknüpft.
- ☐ Führende bekommen Zeit zum Führen und werden in ihrer Rolle unterstützt. Sie sind weder Coach noch Arzt oder Therapeut – bei tiefer gehenden Problemen gibt es andere Anlaufstellen.
- ☐ Fragmentierungen des Unternehmens durch Machtansprüche und Narzissmen Einzelner werden unterbunden. Die Führenden leben Vertrauen, Kooperation und Interagieren auf Augenhöhe vor.

Kommunikation / Prozesse / Qualität

- ☐ Organisationsaufbau und -ablauf werden immer wieder auf ihre Brauchbarkeit überprüft. Prozesse werden möglichst schlank und transparent definiert. Überall wird auf die Vermeidung von Energie- und Geschwindigkeitsverlusten geachtet.
- ☐ Schnittstellen müssen gut miteinander kooperieren. Auf sachliche oder kommunikative Reibungsverluste wird sofort eingegangen, Lösungen werden gesucht. Das Qualitätsmanagement bezieht sich nicht nur auf fachliche Themen.
- ☐ Die Organisation schätzt offene, stabile Informationskanäle. Achtsame Kommunikation verhindert Sand im Getriebe.

Unternehmenskultur

- ☐ Wenige Werte, die konsequent und freudig gelebt werden.
- ☐ Die einzelnen Akteure bringen für ihre jeweilige Rolle die nötige Persönlichkeitsreife mit.
- ☐ Die Kultur muss nicht perfekt sein, es werden keine unrealistischen Anforderungen gestellt. Über Defizite wird gemeinsam reflektiert, und man wächst daran. Verarbeitete Widerstände erzeugen Widerstandskraft.

Mit der umfassenden Sensibilisierung für Resilienzfaktoren ist der nächste wichtige Trainingsschritt vorbereitet: die zuverlässige Umsetzung.

SCHRITT 4

Planen Sie und Ihr Team systematisch Grenzerweiterungen

»Die Neigung, sich in Krisenzeiten für Katastrophens-zenarien zu erwärmen, entstammt der Eigenart des Menschen, nur schwer mit zwei Phänomenen leben zu können: Komplexität und Unsicherheit.«

Gerald Baumberger (im Kommentar »Wider den Pessimismus«, FAZ 02.01.2012, S. 1)

Unterscheiden Sie zwischen veränderbarer und unveränderbarer Welt

Druck herausnehmen – Ansprüche und Vorstellungen zurückfahren

Die vorgestellten Resilienzfaktoren sind außer Frage Eigenschaften und Fähigkeiten, die sich nur im Laufe von Jahren und Jahrzehnten umfassend entwickeln lassen. Ich selbst kann ein Lied davon singen, da ich mich nun schon seit 30 Jahren intensiv mit dieser Thematik beschäftige.

Dennoch lassen sich bereits innerhalb eines kurzen Zeitraums bemerkenswerte Erfolge verzeichnen, wenn konsequent daran gearbeitet wird. Denn in all meinen Kursen erlebe ich, dass Menschen in kurzer Zeit ihre schlummernden Potenziale erwecken und wirken lassen können. Dieses Phänomen lässt sich für mich nur so erklären, dass die meisten meiner Kursteilnehmer eine gehörige Portion Lebenserfahrung mitbringen. Im Grunde helfe ich ihnen nur, schon vorhandene, mühsam errungene Erkenntnisse und Einsichten sinnvoll miteinander zu verknüpfen.

Oft fehlt gar nicht viel, dass ein Mensch Freude an sich selbst findet und sein Leben mit neuen Augen betrachten kann. Allein durch Blickpunktwechsel können enorme Kräfte frei werden. Auch gerade dadurch, dass eine übersteigerte Anspruchshaltung an das eigene Verhalten und das Leben an sich zurückgeschraubt wird. Niemand kann und muss perfekt sein. Das Leben braucht sich nicht ständig glücklich anzufühlen, sondern wird immer mit Schwankungen von Freude zu Unwohlsein und umgekehrt versehen sein. Aber es muss genauso wenig in Verzweiflung und Erschöpfung münden. Mich interessiert der Weg der guten Mitte – so entstand auch der Methodenname »Human Balance Training«.

Ich habe für meine eigene Selbstentwicklung unzählige Methoden und Techniken ausprobiert, natürlich auch immer mit dem Hintergedanken, endlich den Stein des Weisen zu finden. Quasi eine Abkürzung oder ein Spezialtrick, um mir Unannehmlichkeiten des Lebens ersparen zu können. Auf solch einen Kniff bin ich nicht gestoßen, aber auf eine ganz einfache Erkenntnis: Es geht um kontinuierliches Dranbleiben. Schritt für Schritt lassen sich in einem selbst Berge versetzen. Das klingt zwar anstrengend und unspektakulär, verspricht aber zuverlässige Resultate. Genauso wie wir beim Erlernen eines Musikinstruments, einer Computertechnik oder einer Sportart uns mit Fleiß und Ausdauer an die Arbeit machen, sollten wir uns mit gleicher Akribie unserer Lebensgestaltung und unserem Veränderungsvermögen widmen. Wer nur einmal im Monat auf die Aschenbahn zum Training geht, wird beim großen Wettkampf keinen Blumentopf gewinnen. Und er verpasst die vielen kleinen und großen Freuden, die die einzelnen Lernstufen mit sich bringen.

Menschliche Entwicklungsschritte nüchtern planen und kontrollieren

Weiche Faktoren haben sich heute zu harten Fakten verwandelt – dieser spannenden Tendenz gilt es, Rechnung zu tragen. Aus meiner Erfahrung gehören menschliche Stellgrößen genauso systematisch in Managementprozessen abgebildet, wie es bisher mit den sachlichen Einflussfaktoren geschieht. Klar definierte Ziele, die durch exakt umrissene Maßnahmen in vernünftigen Prozessketten realisiert, kontrolliert und nachgesteuert werden, haben eine hohe Chance, Erfolgsgeschichte zu schreiben. Eine nüchterne, konsequente Herangehensweise mag in manchen Unternehmen noch ungewöhnlich erscheinen – umso mehr liegt es an der Entschiedenheit der Führungskräfte, den Gewinn und Nutzen solch einer Vorgehensweise herauszukristallisieren.

Befrage ich meine Kunden und Klienten nach ihren bisherigen Erfolgsquoten in der Schulung von weichen Faktoren, hält sich ihre Begeisterung meist in Grenzen. Immer wieder wird dasselbe Phänomen geschildert: Entwicklungsprozesse werden mit großem Enthusiasmus aufgegriffen, pompöse Kick-off-Veranstaltungen lösen oft riesige Erwartungen aus. Auf den ersten Metern wird der angeheizte Optimismus und das Engagement von der Belegschaft mitgetragen, doch bei den ersten Hürden und Widerständen besteht die große Gefahr, dass das anvisierte Ziel nicht konsequent und glaubhaft verfolgt wird. Überall ist die Fallgrube versteckt, dass das operative Geschäft mit seinen täglich drängenden Herausforderungen persönliche Reifungsprozesse bremst oder gar »verschluckt«. So macht es Sinn, sich zunächst kleine, realistische (Teil-)Ziele zu stecken, denn an diesen kann man mit aller Beharrlichkeit und Durchsetzungskraft dranbleiben. Dazu braucht es natürlich die Bereitschaft und Verbindlichkeit aller Beteiligten zu einer konstruktiven Zusammenarbeit. Gerade diese Bereitwilligkeit, Durststrecken gemeinsam durchzustehen, ist zunächst zu hinterfragen.

Die berühmte Lehmschicht als günstige Ausrede

Vor Jahren arbeitete ich mit einem Projektteam eines großen, börsennotierten Konzerns zusammen. Der Wunsch der Führungskraft war, die Arbeitsatmosphäre auf ein besseres Level zu heben. Die Mannschaft setzte sich aus hochkarätigen Spezialisten zusammen, die alle nicht auf den Mund gefallen waren. Schon in der Vorstellungsrunde kommentierten sie unmissverständlich, was sie von der Entwicklung des Unternehmens in den letzten Jahren hielten. Es ginge doch nur noch um Zahlen, sie als Mitarbeiter würden sowieso nicht mehr gehört und gesehen werden. Von daher hätten sie keine große Lust, sich für die Gesamtorganisation einzusetzen und so weiter. Zwischen den Zeilen gab jeder zu verstehen, er würde nur noch Dienst nach Vorschrift leisten. In dieser Einstellung unterstützten sie sich gegenseitig, ihre Gruppendynamik war nicht zu unterschätzen.

Aus meiner Sicht war es ein zum Teil berechtigtes Klagen, da sich unter ihren saloppen Formulierungen echte Verletzungen zu verbergen schienen. Gleichzeitig war es aber auch ein Jammern auf hohem Niveau, da sie ein spannendes Thema zu bearbeiten hatten und immer noch recht gute Arbeitsbedingungen gestellt bekamen. Ich ließ sie zunächst ihrem Unmut Luft machen. Immer wieder fielen die Wörter »Lehmschicht« oder »Glasdecke«. Sie könnten nichts verändern, da sie ja ständig mit dem Kopf an besagte Barriere stoßen würden. Diese Aussage hinterfragte ich energisch und lud sie ein, mit einer Übung ihren eigenen Handlungsspielraum zu überprüfen.

Übung: Veränderbare und unveränderbare Welt

Einleitung

Beschäftigt man sich eingehend mit Fragebögen von Unternehmen in Bezug auf Engagement und Loyalität ihrer Mitarbeiter, lässt sich oft ein direkter Zusammenhang herstellen: Mitarbeiter, die Vertrauen in ihre Person und Arbeitsleistung verspüren, die Wertschätzung erfahren und denen Freiräume zu selbstverantwortlichem Agieren eingeräumt werden, fühlen sich in der Regel wohl und bringen sich kraftvoll sowie ideenreich an ihrem Arbeitsplatz ein. Mitarbeiter dagegen, deren Raum zum Mitdenken und Mitgestalten eingeschränkt wird, schieben oftmals Dienst nach Vor-

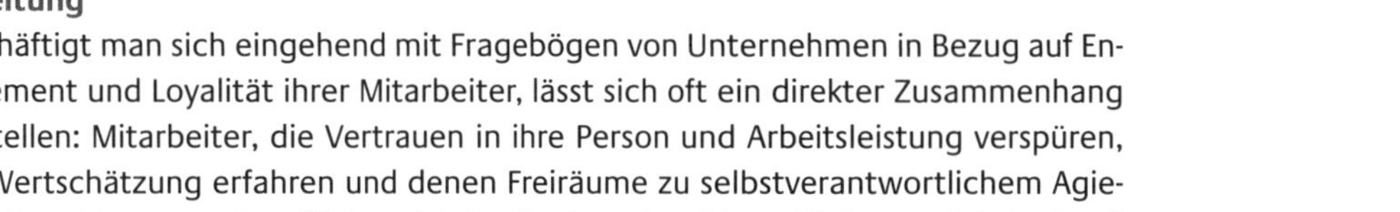

schrift und investieren nur einen Teil ihrer Kapazitäten ins Unternehmen. Zudem gehören sie zu der höchst anfälligen Gruppe für psychosoziale Erkrankungen.
Das Gefühl der Selbstbestimmung ist also enorm wichtig und trägt ungemein zur Potenzialentfaltung, zum Wohlbefinden und zur Gesundheit bei. Wobei wir Menschen durchaus gut mit Einschränkung und Unterordnung zurechtkommen können – in Extremsituationen verstehen wir es sogar, unseren Freiraum auf ein Minimum zu reduzieren. Neben einem Bereich der Fremdbestimmung brauchen wir zum Ausgleich aber auch klar definierte Felder, in denen wir frei denken und handeln können. Manche Menschen müssen dieses Feld, bedingt durch Krankheit oder Freiheitsentzug, sogar ganz in ihr Inneres verlegen.
Resiliente Personen haben eine besondere Begabung, Handlungsspielräume zu erkennen und diese auch aktiv zu nutzen. Sie klagen nicht lange über das, was nicht geht, sondern nutzen jegliche Möglichkeit, die sich ihnen bietet, um das Beste aus einer Situation herauszuholen. Bei Themen, auf die sie keinen Einfluss üben können, lassen sie innerlich los und verschwenden keine Energie mit nutzlosen Gedanken über das Für und Wider. Diese so frei bleibenden Kräfte aktivieren sie zielgenau für Geschehnisse, auf die sie einwirken können, um sie kreativ zu gestalten.

Ziel
Diese Übung unterstützt Sie darin, sich Klarheit zu verschaffen über veränderbare und unveränderbare Themenfelder in Ihrem beruflichen und privaten Leben. Da sich diese Bereiche immer wieder verschieben, ist diese Übung eine Blitzlichtaufnahme, die Sie regelmäßig durchführen sollten, um sich sets auf einen aktuellen Stand zu bringen.

Material
Seile oder Klebebänder, Moderationskarten, Stifte, Papier.

Möglichkeiten zur Kleingruppenarbeit
Die Übung kann alleine oder in einer Kleingruppe gestaltet werden. Die zwei oder drei Teilnehmer führen die Schritte 1–4 für sich alleine durch und setzen sich danach zu einem Gespräch zusammen.
Danach kommt es zu einem Austausch in der großen Gruppe.

Übungsablauf
Schritt 1: Legen Sie sich am Boden zwei Felder aus und beschriften Sie diese mit
- »veränderbare Welt« und
- »unveränderbare Welt«.

Schaffen Sie mit einem Bodenanker (einem beschrifteten Papier, das die Position des Zeugen symbolisiert) einen neutralen Platz.

Schritt 2: Betreten Sie nacheinander die beiden Erlebnisräume. Beim Wechsel dieser »Welten« gehen Sie zwischendurch immer wieder auf den neutralen Platz, um für die neue Erfahrung frisch zu sein. Spüren Sie in jedes Feld hinein, und achten Sie auf die Botschaften von Körper, Herz, Verstand und Seele.

Schritt 3: Beschriften Sie die Moderationskarten mit Themen, die Sie den jeweiligen Feldern zuordnen.

Schritt 4: Inspizieren Sie diese Einteilung aus der Zeugenperspektive. Wie betrachten Sie bisher das Thema »Handlungsspielräume«? Lässt sich Ihr Verhalten an diesem Punkt verbessern?
Durch welche Veränderungen in Ihrer inneren Haltung beziehungsweise in äußeren Verhaltensweisen können Sie in sich Entlastung und neue Ausrichtung erreichen?

Tipps für Führungskräfte
Kein Job ist perfekt. Oft liegt es allerdings am Blickpunkt, ob Sie mehr die negativen oder die positiven Seiten Ihres Arbeitsplatzes wahrnehmen. Dabei geht es nicht um das »Schönreden« von Missständen, sondern um einen konstruktiven, lösungsorientierten Blick und klaren Ausdruck. Suchen Sie in Gesprächen das Miteinander, nicht das Gegeneinander.
Denken und handeln Sie unternehmerisch. Nehmen Sie die Herausforderungen Ihrer Organisation wahr und erleben Sie sich als Teil der Lösung. Stellen Sie Sinn und Bezug her zwischen Ihrer Arbeit, den Zielen Ihres Teams und den Anliegen der gesamten Firma.

Vom Tun und Lassen

Die Fragestellung nach veränderbaren oder unveränderbaren Lebensfeldern erhitzt zumeist die Gemüter. Viele Menschen haben schon große Anstrengungen auf sich genommen, um enervierende Druckpunkte aus ihrem Leben zu entfernen – und sind daran immer wieder gescheitert. Aus ihrer Wahrnehmung konnten sie auf für sie ausschlaggebende Faktoren zu wenig Einfluss üben – daran bissen sie sich bisher die Zähne aus.

Oftmals verleitet uns das Leben dazu, an bestimmten Inhalten festzuhalten, regelrecht daran festzukleben – besonders, wenn wir denken, auf unserem Recht beharren zu müssen. Für diese Situationen gibt es auch keine einfache Pauschallösung. Manch einer gewinnt seinen Frieden, indem er nicht locker lässt und zehn Jahre für eine Sache kämpft. Ein anderer erreicht innere Ruhe, indem er den Kampf beendet und darauf wartet, welche Lösung ihm das Leben von ganz anderer Seite anbietet.

»Wer loslässt, hat die Hände frei.« – Diese Aussage schafft Raum für neue Untersuchungen. Kann ich durch Loslassen Entlastung finden? Gewinne ich bei diesem Prozess der Ablösung oder verliere ich? Diese Fragen können tief nach innen führen. Sie verlangen ein genaues Hinschauen und Hinfühlen.

Meine bisherige Erfahrung beweist, dass uns das Leben immer Spielräume lässt, in denen wir uns bewegen und weiterentwickeln können. Wer die Verantwortung für eine Situation auf sich nimmt und nicht wartet, dass von außen die Lösung auftaucht, findet kleine Ritzen und Lücken, die ihm Luft zum Atmen und Raum zum Agieren schenken. Dabei ergeben sich neue Prioritäten, Richtungen werden korrigiert, Ideen ausprobiert.

Schaue ich auf mein eigenes Leben, kann ich daraus keine Regel ableiten, die immer passt. Manches Mal halte ich penetrant an einer Ausrichtung fest und spüre, dass das Leben Geduld von mir einfordert. An anderer Stelle bemerke ich, dass sich eine bestimmte Tür jetzt im Moment gar nicht öffnen möchte. Ich wechsle den Fuß und suche mir einen anderen Weg, der sich mir leichter und bereitwilliger erschließt. Intuition, Flexibilität und Unterscheidungskraft sind an dieser Stelle nützliche innere Gesprächspartner, die mir immer wieder aufs Neue helfen, den richtigen Kurs einzuschlagen.

Ein Blickpunktwechsel schafft Handlungsfreiheit

Auch das Projektteam kam durch die Übung in einen aufgeregten Austausch. Zunächst richtete sich ihr Blick intensiv auf die Einflussfaktoren, die sie tatsächlich nicht bestimmen konnten. Mit der Zeit widmeten sie sich aber auch der anderen Seite der Medaille. Voll Erstaunen stellten sie fest, wie viele Möglichkeiten eigentlich in ihrem eigenen Verantwortungsbereich lagen. Nun keimte natürlich die interessante Frage auf, ob sie diese Chancen und Freiräume auch konsequent für die Verbesserung ihres persönlichen Lebensgefühls und ihrer Arbeitsatmosphäre nutzen wollten. Mit der Zeit schälte sich ihre Neugierde heraus, diese Handlungsoptionen genauer zu überprüfen. Dafür wählten wir einen komplexeren Übungsaufbau, mit dem ich schon viele, gute Erfahrungen gemacht habe.

Die Aufgabe kann in unterschiedlichen Kontexten konkretisiert werden und hilft, Ziele realistisch anzupacken. Sie demonstriert, in welcher Form man Veränderungen systematisch planen und durchführen kann.

Übung: Raus aus der Box

Einführung

Viele Menschen und Gruppen bewegen sich über Jahre hinweg in einem bestimmten Korridor ihrer Potenzialentfaltung. Ohne dass sie es bemerken, steuern unbewusste Emotionen ihre täglichen Verhaltensweisen, Reaktionen und Interaktionen. Um eine tatsächliche Neuerung in diese eingespielte, automatisierte Gefühls-, Denk- und Handlungswelt zu bringen, gilt es, mit einem mutigen Schritt aus der persönlichen Komfortzone herauszutreten. Das ist gar nicht so einfach. Denn sobald wir Menschen aus einem eingefahrenen Muster ausbrechen und unsere wohlbekannte Verhaltensspur verlassen, werden unterschiedliche Emotionen und Gedankenketten in Bewegung gesetzt. Dabei können so unterschiedliche Empfindungen wie Angst, Gelähmtheit, Bequemlichkeit, Freude oder Neugierde auftauchen. Unser Organismus hält gerne am Bekannten fest, weil dieser Zustand Sicherheit und Stabilität suggeriert.

Genauso wie unser eigenes System hat sich auch unser Umfeld an bestimmte Eigenarten und Verhaltensweisen von uns gewöhnt. So sind Personen in unserer nächsten Umgebung vielleicht gar nicht begeistert, wenn wir plötzlich unser altbekanntes, einschätzbares Profil verändern. Häufig werden sie durch unsere Positionsveränderung genötigt, ihre eigenen Verhaltensweisen ebenfalls auf den Prüfstand zu bringen – das kann Konflikte hervorrufen. All diese inneren und äußeren Widerstände müssen im Vorfeld einkalkuliert und aktiv in den Wandel miteinbezogen werden.

Um eine tief eingeschliffene Handlungsweise oder Situation tatsächlich zu überwinden, muss man sehr klar und konsequent ans Werk gehen. Zunächst gilt es, ein kraftvolles Ziel zu formulieren oder eine Vision zu schaffen, die mit hoher Motivation und großer Leidenschaft verfolgt werden kann. Als Nächstes werden alle unbewussten Ängste, Zweifel und gegenläufigen Überzeugungen diagnostiziert, damit der Umgestaltungsprozess nicht ungewollt aus alter Gewohnheit untergraben werden kann. Wesentlich ist außerdem die eindeutige Definition kleiner, realistischer Teilschritte, die für die beteiligten Personen gangbar sind.

Mithilfe dieser Übung können die einzelnen Stufen plastisch ausgelegt und Schritt für Schritt durchlaufen sowie überprüft werden.

Ziel

Genaue Prozessaufschlüsselung einer fundierten, nachhaltigen Verhaltensänderung.

Material

Langes Seil, große runde Moderationskarte, kleine Moderationskarten, Stifte.

Möglichkeit zur Kleingruppenarbeit
Die Übung kann zu zweit absolviert werden. Dabei wird Schritt 1 alleine erledigt – ab dann begleitet der Kollege in der Rolle des Coachs den Prozess. Danach werden die Rollen getauscht. Die Übung kann aber auch im (Projekt-)Team gemeinsam durchlaufen werden. Die einzelnen Schritte werden zusammen erarbeitet und im Dialog immer wieder abgestimmt.

Übungsablauf
Schritt 1: Definieren Sie ein Ziel oder eine Vision, das oder die Ihnen sehr am Herzen liegt und das oder die Sie unbedingt erreichen möchten. Schreiben Sie dies in einer klaren, knappen Formulierung auf die große runde Moderationskarte. Dann formulieren Sie Ihre bisherige »Komfortzone«, bildhaft gesprochen Ihre »Box«, in der Sie sich befinden. Um Ihr Lebensgefühl plastisch auszudrücken, legen Sie mithilfe eines Seils diese Komfortzone aus.

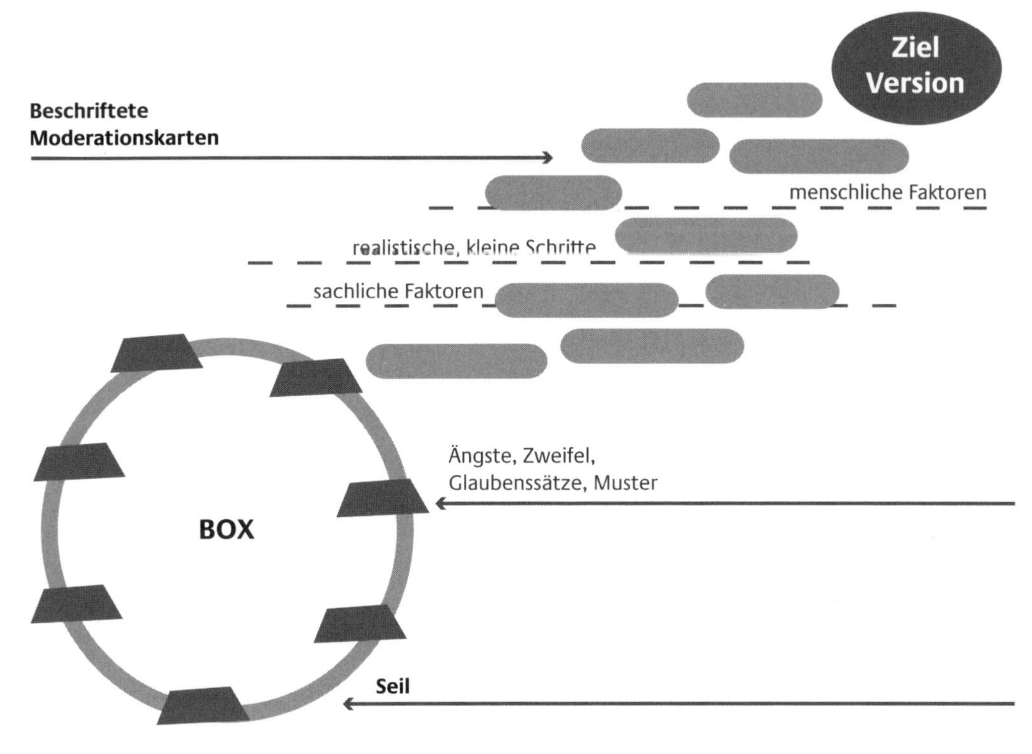

Schritt 2: Treten Sie auf Ihre Ziel- beziehungsweise Visionskarte, und stellen Sie sich ganz intensiv vor, dass Sie dieses Ziel erreicht haben. Ihr Kollege, in der Rolle des Coachs, interviewt Sie dabei nach den Botschaften Ihres Körpers, der Gefühle, des Verstandes und der Seele – und kontrolliert, ob Sie dieses Ziel auch wirklich glücklich stimmt. Sollte irgendwo in Ihrem System eine Irritation auftreten, können Sie Ihre Zielsetzung so lange testen und umdefinieren, bis Sie Ihre Ausrichtung als stimmig erleben.

Schritt 3: Nun treten Sie in Ihr bisheriges Lebensgefüge und spüren genau dem Unterschied nach: Wie fühlt es sich – im Gegensatz zu dem Zustand des realisierten Ziels/der Vision – in Ihrer altbekannten Situation an? Lassen Sie sich Zeit, um in aller Ruhe zu erforschen, welche Vorteile Ihnen Ihr bisheriger Zustand gebracht hat! Anschließend studieren Sie, welche tief verankerten Glaubenssätze, Überzeugungen, Muster und Prägungen es sind, die Sie in Ihre Box gebracht haben und bisher darin verweilen ließen. Diese Glaubenssätze, Ängste, Zweifel, guten Gründe werden auf Moderationskarten niedergeschrieben und in oder um das Seilbild ausgelegt.

Schritt 4: Prüfen Sie dann, ob Sie tatsächlich bereit sind, aus Ihrer altbekannten Lebenssituation herauszutreten und etwas Neues zu wagen. Sobald es für Sie stimmig ist, verlassen Sie Ihre Box und bewegen sich auf Ihr Ziel zu. Sie definieren nun klare, realistische Teilschritte auf der Sach- und der Beziehungsebene, die Sie Ihrem Vorhaben näher bringen und die das Gelingen systematisch unterstützen. Schlüsseln Sie gemeinsam mit dem Kollegen jeden bisherigen Widerstand beziehungsweise jede Ausrede und Entschuldigung auf. Machen Sie sich Ihr persönliches Entwicklungspotenzial sichtbar – und fassen Sie Mut und Verständnis, dass Sie nichts und niemand an Ihrer Erfüllung hindern kann, wenn Sie konsequent an Ihren Entscheidungen festhalten.
Die Teilschritte werden ebenfalls auf Moderationskarten geschrieben und können die Grundlage für einen Projektplan bilden.
Sollten Sie spüren, dass Sie noch nicht bereit sind, Ihr jetziges Lebensgefüge zu verlassen und dass innerliche oder äußere Umstände Sie dazu zwingen, in dieser Lebenskonstellation zu verharren, dann setzen Sie sich auf keinen Fall unter Druck! Extrahieren Sie Perspektiven, mit denen Sie Schritt für Schritt an Ihrer inneren Haltung arbeiten können. Mit Geduld werden Sie weitere Möglichkeiten entdecken.

Schritt 5: Zum Schluss durchwandern Sie noch einmal den gesamten Prozess und inspizieren die Ergebnisse.

Eine Variante für die Teamarbeit

- Das ganze Team oder Kleingruppen durchwandern den gesamten Prozess gemeinsam. Dies erfordert an manchen Punkten Geduld und Aufmerksamkeit, denn die genaue Zielformulierung und die Maßnahmen sollten mit allen Teammitgliedern gut abgestimmt sein. Gerade dieser Ablauf regt zu vielfältigen Diskussionen an und kann äußerst gewinnbringend sein.
- Oder jedes Teammitglied bildet seinen eigenen Prozess ab und durchwandert ihn zunächst für sich selbst. Dabei können alle Schaubilder in einem Kreis angeordnet werden. Die Ziele liegen dabei im Mittelpunkt eng beieinander, und die Teilnehmer bewegen sich mit ihren Maßnahmen auf diesen Kreismittelpunkt zu. Das kann im Arbeitsprozess eine tolle Energie aufbauen. Liegen alle Karten am Boden, kann jedes Teammitglied seinen Kollegen seine Ziele, Gedanken und Maßnahmen vorstellen. Oft ergibt sich daraus noch ein gemeinsames, übergeordnetes Ziel.

Tipps für Führungskräfte

Lässt sich Ihr Team auf einen solch differenzierten Prozess ein, liegt es an Ihnen, die Ausbeute dieser gemeinsamen Arbeit intensiv nachzuhalten. Alle formulierten Maßnahmen sollten protokolliert und in einen verbindlichen Zeitplan übertragen werden. Regelmäßige Überprüfung, Nachsteuerung und Kommunikation der Ergebnisse stabilisieren die Umsetzung und erhöhen die Motivation, konsequent dranzubleiben. Die Übung ist ein kraftvoller Hebel, um viel Energie und Lebendigkeit in ein Team zu bringen.

Bisherige Hinderungsgründe systematisch miteinbeziehen

»Raus aus der Box« ist eine wunderbare Übung, um schnell auf den Punkt zu kommen. Durch die verschiedenen Arbeitsstufen wird ein in sich komplexer Prozess transparent und nachvollziehbar dokumentiert. Der einzelne Teilnehmer oder das ganze Team sind herausgefordert, zunächst ein gutes Ziel zu formulieren. »Gut« bedeutet: nicht zu klein und nicht zu groß, den wahren Anliegen und Sehnsüchten entsprechend, unter Berücksichtigung der realen Bedingungen und Ressourcen.

Durch das Hineinstellen in das Anliegen und den sorgfältigen Abgleich mit den Botschaften von Körper, Herz, Verstand und Seele kann die Ausrichtung aufmerksam überprüft und hinterfragt werden. Ein stimmiges, emotional positiv aufgeladenes Ziel kann regelrecht als Magnet wirken und unglaubliche Energien freisetzen. Man sieht es Personen sofort an, wenn sie auf einem erfüllenden Herzenswunsch stehen: Ihr Körper richtet sich auf, die Augen strahlen, ihre Stimme wird fest und klar.

Probieren Sie es aus: Betreten Sie nach der Übung Ihren Seilkreis als Abbild Ihrer jetzigen Lebenskonstellation, spricht Ihr Körper zumeist auch Bände. Er bringt unmissverständlich zum Ausdruck, wie Sie tatsächlich empfinden – und diese Emotionen gilt es, sichtbar zu machen. Gefühle auf Moderationskarten zu schreiben und übersichtlich auf dem Boden auszulegen, kann enorm augenöffnend wirken. Unbewusste Gefühle und Empfindungen, die bisher die Umsetzung von guten Vorsätzen sabotiert haben, können aufgeschlüsselt und bewusst integriert werden. Die Definition von kleinen, realistischen Teilschritten, die sich auf sachlicher und menschlicher Ebene abbilden, schafft auf dem langen Weg zum Ziel jede Menge Halte- und Ankerpunkte. Wem es mit seiner Potenzialentfaltung wirklich ernst ist, kann mit dieser Systematik jede noch so verzwickte Problemstellung lösen. Der wichtigste Punkt dabei ist, dass die bisher unbewussten »Verhinderer« ans Licht gebracht werden und jeder noch so unangenehme oder beängstigende Aspekt eine Würdigung und Zuordnung findet. Die Sichtbarmachung, Wertschätzung und Integration ungeliebter Anteile der eigenen Person, einer Gruppen- oder auch Unternehmensdynamik kann gänzlich neue Entwicklungswege ans Licht bringen.

Oft kauen einzelne Mitarbeiter und ganze Arbeitsgruppen schon lange an Themen herum, die sie einfach nicht gelöst bekommen. Sie empfinden es so, als würden sie immer wieder zu einem Hürdenlauf aufbrechen und zumeist schon an den ersten Hindernissen hängenbleiben. Diese Erfahrung frustriert und löst Resignation aus. Die Mitarbeiter finden sich mit bestimmten Umständen ab und nehmen dadurch auch Einschnitte und Blockaden in Kauf, die gar nicht nötig wären. Musterbrechung verlangt ein sauberes Handwerkszeug und Durchhaltevermögen – damit lassen sich bisher unüberwindliche Hürden überspringen. Auf diesem Weg konnte sich auch das Projektteam vorwärtsbewegen.

Musterunterbrechung verlangt vollen Einsatz

Die Teammitglieder hatten sich als Ziel gesetzt, in ihrer Arbeitsleistung vom zuständigen Vorgesetzten und auch von Kollegen besser wahrgenommen zu werden. Es ging um ihren Außenauftritt, den sie sich in der Vergangenheit zum Teil selbst ver

masselt hatten. Dies passierte vor allem durch die Vorurteile, die sie gegenüber den anderen hegten. Aber aus Unsicherheit, die sie mit Überheblichkeit überspielten, und auch einer Portion sympathischer Bescheidenheit und Unbeholfenheit hatten sie das Selbstmarketing des Teams bisher nicht optimal ausgelotet.
Im Laufe der Übung »Raus aus der Box« bekamen sie immer mehr Interesse, dieses teaminterne Defizit zu beseitigen. Sie erkannten sehr genau, wie sie stets aufs Neue eingefahrene Kommunikations- und Beziehungsmuster abspulten, ob sie dies nun wollten oder nicht. Ich konnte ihnen bestätigen, dass Musterunterbrechung eine hoch anspruchsvolle Tätigkeit ist, die vollsten Einsatz verlangt.

Entschließt sich ein Mensch oder eine Gruppe, sich tatsächlich von tief eingeschliffenen Verhaltensweisen zu lösen, ist es sinnvoll, sich über neurobiologische Zusammenhänge von Musterbildung und Auflösung von Prägungen schlau zu machen.

Literaturtipp

Gerald Hüther (2011): Bedienungsanleitung für ein menschliches Gehirn. In der modernen Hirnforschung wurden bahnbrechende Entdeckungen gemacht. Die sogenannte Plastizität des menschlichen Gehirns bedeutet, dass es lebenslang veränderbar, ausbaubar, anpassungsfähig ist. Nutzen Sie das Potenzial Ihres Gehirns – das ist die Botschaft des Neurobiologen Gerald Hüther, der in leicht lesbarer, bildreicher Sprache komplexe Zusammenhänge praxisnah aufschlüsselt.

Die meisten Denk-, Fühl- und Handlungsweisen, die sich im Repertoire eines Menschen ausgebildet haben, wurzeln in frühen Erfahrungen der Kinder- und Jugendzeit. Grundlegende Eigenschaften, wie in Kontakt zu anderen Menschen zu treten, Beziehungsaufbau und Gesprächsführung, Selbststeuerung und Selbstwirksamkeit, Konfliktbereitschaft, Lösungskompetenz und vieles andere mehr werden zunächst den Eltern, Lehrern und anderen Bezugspersonen abgeschaut und nachgeahmt. Ohne bewusste Reflexion verankern sich so viele Verhaltensweisen im Auftreten einer Person. Erst im Erwachsenenalter besteht die Möglichkeit zu einer eingehenden Reflexion der übernommenen Reaktionen. Dieses Bewusstmachen ist der erste, wesentliche Schritt, um sich von einschränkenden, gar destruktiven Handlungsweisen zu verabschieden. Der nun folgende Trainingsplan zeigt einzelne Schritte auf, um systematisch ungeliebte Prägungen hinter sich zu lassen.

Eine tägliche Übung: Training des Achtsamkeitsmuskels

Einführung

Wer sich mit Haut und Haar für eine Veränderung in seinem Fühlen, Denken, Reden und Handeln entschieden hat, sollte systematisch ans Werk gehen. Zunächst gilt es, eine störende Verhaltensweise klar zu identifizieren und genau auf ihren Ablauf hin zu untersuchen. Taucht dieses Verhalten bei einer bestimmten Person beziehungsweise einem Personenkreis auf? Hängt sie mit der persönlichen Tagesform zusammen, ist sie also beispielsweise von Stressfaktoren abhängig? Ummantelt diese Verhaltensweise ein Grundbedürfnis (der Wunsch nach Anerkennung und Wertschätzung wird oft durch abweisendes, arrogantes Auftreten überspielt), das nicht offen eingestanden beziehungsweise angesprochen wird? Wie baut sich das Verhaltensmuster auf – lässt es sich im Vorfeld erkennen und schon im Ansatz austarieren? All diese Fragen helfen, einen reflexartigen, automatischen Ablauf ins Bewusstsein zu holen. Alles, was bewusst ist, kann auch bearbeitet und verwandelt werden.

Ziel

Loslösung von hinderlichen eingefahrenen Mustern und Prägungen. Training einer steten Aufmerksamkeit und Handlungskonsequenz.

Übungsablauf

- Nehmen Sie wahr, wie ein klassisches Handlungsmuster bei Ihnen funktioniert.
- Beobachten Sie, wie ein bestimmter Reiz (zum Beispiel eine für Sie kränkende Aussage) eine bestimmte Reaktion in Gang setzt (zum Beispiel Wut, Angriff, Rückzug, Apathie, Trotz).
- Beim nächsten Reiz treten Sie innerlich einen Schritt zurück, lassen sich ein wenig Zeit, bevor Sie antworten, und probieren statt der automatischen Reaktion eine bewusst gewählte Aktion aus.
- Studieren Sie präzise die Resonanz der Handlungsvariation auf sich und Ihr Gegenüber und welche Folgen es auf den Fortgang Ihres Gesprächs hat.
- Wenn Ihnen die Wirkung gefällt, fangen Sie an zu spielen. Treten Sie immer wieder geistig und emotional einen Schritt zurück, treffen Sie eine bewusste Entscheidung: altes Muster oder neue Handlungsoption?
- Nehmen Sie es sportlich, und trainieren Sie Schritt für Schritt Ihren Achtsamkeitsmuskel.
- Üben Sie zunächst auf einfachem Terrain und steigern Sie langsam den Schwierigkeitsgrad. Beginnen Sie mit dem Training in Situationen, in denen Sie einigermaßen stabil sind und nicht Emotionen auf Sie einströmen oder Sie von einer Erregung überflutet werden. Das Radfahren als Beispiel für aufbauendes Lernen

kennen Sie sicher. Hier starteten Sie wahrscheinlich auf glatter Straße mit Stützrädern, bevor sie sich mit dem Mountainbike ins Gelände wagten.

- Freuen Sie sich an kleinen Erfolgen und schenken Sie sich selbst Schmunzeln und Geduld. Reflektieren Sie regelmäßig Ihre Erfolge – auch wenn diese am Anfang noch »klein« erscheinen. Gerade diese fast unmerklichen Veränderungen initiieren in der Summe kraftvolle, glaubwürdige Veränderungen.

Tipps für Führungskräfte

Lassen sich Ihre Mitarbeiter auf solch einen geistigen Trainingsplan ein, werden sie sich über jedwede Unterstützung und Anfeuerung von Ihrer Seite freuen. Ähnlich wie ein Fußballtrainer am Spielfeldrand den einzelnen Spielern und der gesamten Mannschaft Mut und Selbstvertrauen vermittelt, können Sie einen solchen herausfordernden Prozess positiv beeinflussen. Zeigen Sie Ihren Mitarbeitern, dass Sie vor ihrem Einsatz Respekt und Achtung haben. Schaffen Sie Zeit und Raum für Austausch und Unterstützung. Aus dem Entwicklungsprozess der einzelnen Personen kann sich auch ein gemeinsamer Gruppenprozess ergeben. Manchmal entschließt sich auch ein ganzes Team, sich systematisch von schlechten Angewohnheiten zu verabschieden. Mit Humor und Konsequenz lässt sich jedes Ziel erreichen.

Es braucht Geduld und Entschiedenheit

Das vorgestellte Beispiel des Projektteams soll verdeutlichen, das sich nachhaltige, fundierte Weiterentwicklung in Stufen vollzieht. Ich nenne sie »Klärung«, »Entlastung«, »Ausrichtung« und »Umsetzung«. Keine dieser Phasen sollte ausgelassen oder übersprungen werden. Es braucht intensive, ehrliche Reflexion, in der Gedanken und Gefühle ihren Ausdruck finden. Die Klarheit in der Auswertung fungiert als Basis für eine kluge Strategieentwicklung. Dann folgen die konsequente Umsetzung der vereinbarten Ziele sowie die Anwendung aller Erkenntnisse.

Es klingt verrückt, aber oftmals kann großer Schmerz und Leid ein ungeheurer Katalysator sein, um sich an den eigenen Haaren aus dem Sumpf zu ziehen. Solange die Lebenssituation unangenehm, aber nicht wirklich bedrohlich oder gar ausweglos erscheint, setzen Menschen nicht ihr gesamtes Kräftepotenzial ein, um sich aus misslichen Situationen freizukämpfen.

Als ich noch intensiver psychotherapeutisch arbeitete, hörte ich oftmals Lebensgeschichten, die mich in ihrer Härte und Dramatik zutiefst berührten. Gerade diese Menschen hatten so eine starke Sehnsucht nach einem glücklichen, erfüllten Leben, dass sie nach jedem Strohhalm griffen, der ihnen als Hilfestellung dienlich sein konnte. Diesen Personen zolle ich den höchsten Respekt für ihren Mut und ihr Lebensvertrauen, neu zu beginnen und schlechte Erfahrungen hinter sich zu lassen. Ich konnte beeindruckende Lebenswege mitverfolgen.

Mit meinen Resilienztrainings möchte ich diesen Mut und diese Entschlossenheit weitervermitteln und dazu anregen, aktiv zu werden, solange in beruflichen und privaten Konstellationen noch kein größerer Schaden entstanden ist.

SCHRITT 5

Wappnen Sie sich aktiv gegen Überforderung und Burnout

»Der Kummer, der nicht spricht, nagt am Herzen, bis es bricht.«

William Shakespeare (Macbeth, 4. Aufzug, 3. Szene)

»Menschen in Krisen benötigen nicht Tipps, sondern Übungen, die ihnen helfen, sich ihrer Ressourcen zu vergewissern.«

Ulrich Siegrist und Martin Luitjens (2011, S. 92)

Verstehen Sie das feine Gleichgewicht zwischen Belastungen und Ressourcen

Symptome frühzeitig erkennen

Gerade um schwierige, leidvolle Situationen im stressreichen Arbeitsalltag zu vermeiden, ist es sinnvoll, sich frühzeitig mit möglichen Erschöpfungssymptomen zu befassen. Hierzu eine kurze Einführung in das weite Feld der Erkrankungen durch Überforderung: Burnout, ein Begriff, der heute in so vieler Munde ist, wird aus medizinischer Sicht nicht als Krankheit mit eindeutigen diagnostischen Kriterien gewertet. Der in New York lebende deutsch-amerikanische Psychoanalytiker Herbert J. Freudenberg kreierte vor 35 Jahren diesen Begriff. Mit seinem 1974 in den USA publizierten Aufsatz »Staff Burn-out« und im 1980 erschienenen Buch »Burn Out: The High Cost of High Achievement« entfachte er eine erste Diskussion um das Burnout-Syndrom. Er beschrieb es als eine körperliche, emotionale und geistige Erschöpfung aufgrund lang anhaltender beruflicher Überlastung und nahm es zunächst bei helfenden Berufen wahr. Mehr und mehr wurde die Symptomatik aber auch bei anderen Berufsgruppen beobachtet und beschrieben. Neben der Erschöpfung, welche nicht nur physische, sondern auch psychische und mentale Auswirkungen zeigt, werden oft auch Zynismus, Demotivation und reduzierte Leistungsfähigkeit geschildert. Überschneidungen mit den Symptomen von Depressionen und Angststörungen sind häufig. Auch vegetative Begleiterscheinungen können auftreten.

Ein Burnout entfaltet sich in einem Prozess, den man in verschiedene Phasen klassifizieren kann. Es gibt allerdings keinen typischen Verlauf des Burnouts. So wurden zahlreiche Phasentheorien formuliert. Um einen ersten, verständlichen Überblick über einen möglichen Prozessverlauf aufzuzeigen, beleuchte ich vier Phasen, die sich in der gefühlten Wirklichkeit eines Betroffenen oft überschneiden und in der Reihenfolge verschieben können. Typisch ist allerdings ein schleichender Verlauf, der zunächst verdrängt und mit vermehrtem Engagement kompensiert wird. Ein Betroffener bewegt sich oft über viele Jahre hinweg zwischen diesen einzelnen Phasen hin und her.

Vier Phasen eines Burnout

Erste Phase: Überaktivität

- übertriebenes Engagement/Hyperaktivität
- Gefühl der Unentbehrlichkeit
- Verleugnung eigener Bedürfnisse
- überhöhtes Bedürfnis nach Anerkennung
- Perfektionismus
- Gefühl, sich beweisen zu müssen

Zweite Phase: Reduziertes Engagement

- Verlust positiver Gefühle
- Gefühl, allgemein abzustumpfen und härter zu werden
- Kontaktverlust
- negative Einstellung zur Arbeit
- Beginn der »inneren Kündigung«
- zunehmende Schuldzuweisung auf andere
- entsprechende Reaktionen des Umfelds werden oft als Mobbing erlebt

Dritte Phase: Tatsächlicher Abbau der Leistungsfähigkeit

- Konzentrationsschwächen bei der Arbeit
- Desorganisation: unsystematische Arbeitsplanung
- Entscheidungsunfähigkeit
- verringerte Initiative
- rigides Schwarz-Weiß-Denken
- Dienst nach Vorschrift
- Widerstand gegen Veränderungen aller Art

Vierte Phase: Verzweiflung

- verstärkte Hilflosigkeitsgefühle
- existentielle Verzweiflung
- Sinnlosigkeit
- »Energiespeicher« füllen sich nicht mehr auf
- psychische beziehungsweise psychosomatische Symptome
- klinische Auffälligkeit und Gefährdung

Dieses Vier-Phasen-Modell gibt eine erste Orientierung, an welchem Punkt sich ein Führender oder gegebenenfalls einer seiner Mitarbeiter befindet. Es bietet die Möglichkeit, die Wahrnehmung zu schärfen und Beobachtungen (besser) einordnen zu können.

Ursachen und mögliche Behandlungen

Das Hauptproblem für die Konzeption wirksamer Maßnahmen zur Vorbeugung und Behandlung von Burnout besteht darin, dass Burnout nicht als Krankheit mit klar definierten Symptomen und Ursachen anerkannt ist. Untersuchungen haben gezeigt, dass sicherlich zahlreiche Entspannungs-, Atem- und Meditationsübungen sowie verschiedene sportliche Aktivitäten helfen. Sie treffen aber nicht den Kern des Problems, denn eine Erschöpfungserkrankung ist ein hochkomplexes Geschehen mit vielen verschiedenen Einflussfaktoren. Begutachten wir daher zunächst die auslösenden Faktoren.

Situationsfaktoren Eine Veröffentlichung der Europäischen Agentur für Sicherheit und Gesundheitsschutz am Arbeitsplatz (OSHA) aus dem Jahr 2007 listet die auslösenden Faktoren auf und nennt sie »neu auftretende und zunehmende psychosoziale Risiken für Sicherheit und Gesundheitsschutz bei der Arbeit«. Die Europäische Agentur für Sicherheit und Gesundheitsschutz am Arbeitsplatz ermittelt, analysiert und verbreitet gute praktische Lösungen, wissenschaftliche Forschungsarbeiten und Statistiken, um so eine Kultur der Risikoprävention zu fördern und Arbeitsplätze sicherer, gesünder und produktiver zu gestalten. Die Agentur informiert über die neuesten Entwicklungen in den Bereichen »Sicherheit und Gesundheitsschutz« bei der Arbeit (s. http://osha.europa.eu/fop/germany/de/front-page). Zitiert werden unter anderem:

- unsichere Arbeitsverhältnisse im Kontext eines instabilen Arbeitsmarktes
- zunehmende Anfälligkeit von Arbeitnehmern im Kontext der Globalisierung
- neue Formen von Arbeitsverträgen
- Gefühl der Arbeitsplatzunsicherheit
- alternde Erwerbsbevölkerung
- lange Arbeitszeiten
- Intensivierung der Arbeit
- schlanke Produktion und Outsourcing
- hohe emotionale Anforderungen bei der Arbeit
- unzureichende Vereinbarkeit von Beruf und Familie

Diese Aussagen beschreiben aber nur die eine, die berufliche Seite der Medaille. Für viele Menschen spielt sich ihr Privatleben mittlerweile ebenfalls in hochkomplexen Feldern ab. Viele Personen leben in sogenannten Patchworkfamilien, in denen Kinder von verschiedenen Elternteilen zusammen aufwachsen. Neben den daraus resultierenden emotionalen Spannungen gestaltet sich in vielen Fällen auch die schulische Begleitung als sehr zeitintensiv. Zudem müssen immer mehr Pflegeaufgaben von Familienangehörigen übernommen werden. Selbst von Natur aus resiliente Personen, die mit guten Bewältigungsstrategien ausgerüstet sind, können bei diesen vielfältigen Belastungen ins Straucheln geraten. Manchmal bildet sich für Unternehmen dadurch eine unselige Verkettung. Denn das bedeutet: Da ausgebrannte Mitarbeiter immer weniger Arbeitsleistung erbringen können, müssen ihre Kollegen die Mehrarbeit mit übernehmen. Diese wiederum können auf Dauer dieser Belastung nicht standhalten. So kann es zu Kettenreaktionen innerhalb eines Teams kommen.

Die Gegenmaßnahmen können entsprechend auf der betrieblichen Ebene erfolgen. Viele Serviceleistungen werden mittlerweile von Firmen angeboten: Verkürzung von Schichten, Umsetzung von mehr oder längeren Arbeitspausen, Sonderurlaub bis hin zu sogenannten Sabbaticals, Teilzeitarbeit, Leistungsfeedback, mehr Selbstbestimmungsmöglichkeiten, Mitspracherecht bei Entscheidungen, Garantieren von Arbeitsplatzsicherheit, das Angebot von Coaching und Supervision, Angebote zur Kinderbetreuung und zur Vermittlung von Pflegekräften und viele andere Angebote mehr.

Persönlichkeitsfaktoren Neben den sehr ernst zu nehmenden Situationsfaktoren schlagen aus meiner Wahrnehmung aber besonders die persönlichen psychischen Strukturen zu Buche. An dieser Stelle bewegen wir uns wieder auf dem Terrain der Muster, Prägungen und Glaubenssätze. Ein Mensch, der es von Kindertagen an tief verinnerlich hat, dass er nur Anerkennung findet, wenn er

- anderen ständig hilfreich zur Seite steht (Helfersyndrom),
- jede Arbeit möglichst akkurat ausführt (Perfektionist),
- keine klaren Grenzen zieht (»Sprachfehler«: kann nicht Nein sagen),
- alles unter Beobachtung hat (Kontrollzwang),
- sich Belastungen schönredet (Idealist),

hat es ungemein schwer, im Sturm der täglichen Herausforderungen die innere Balance zu finden. Seine inneren Antreiber torpedieren ihn ständig:

- Sei perfekt!
- Streng dich an!
- Beeil dich!
- Sei stark!
- Mach es den anderen recht!
- Du bist ein Egoist, wenn du dich um dich selbst kümmerst!

Ein derartiges inneres Gespräch mit diesen sich wiederholenden Sätzen ist für einen Burnout-Anfälligen typisch.

An dieser Stelle setzt das Training für die persönliche Resilienz gezielt an. (s. Literaturtipp »Fels in der Brandung statt Hamster im Rad. In zehn Schritten zur persönlichen Resilienz«, S. 19). Die einzelnen Schritte definieren sich wie folgt:

- **Schritt 1:** Innehalten – die Kunst der kleinen Pause
- **Schritt 2:** Standortbestimmung und Rollenklärung
- **Schritt 3:** Das Energiefass füllen
- **Schritt 4:** Den Lebensrucksack entlasten
- **Schritt 5:** Die inneren Antreiber ausbalancieren
- **Schritt 6:** Grenzen setzen – Grenzen wahren – Grenzen öffnen
- **Schritt 7:** Konflikte aktiv angehen
- **Schritt 8:** Konsequente Ausrichtung auf Handlungsspielräme
- **Schritt 9:** Halt im Netzwerk
- **Schritt 10:** Verankerung in der eigenen Kraft und Ruhe

Dieses Trainingsprogramm, das durch die langjährigen Erfahrungen aus Trainings und Coachings entstanden ist, geleitet einen Menschen in komprimierter Form durch einen fundierten Prozess der Selbsterkenntnis. Ein Mensch, der sich mit diesen zehn Themen intensiv auseinandersetzt und sie durcharbeitet, kann viele seiner einschränkenden Prägungen hinter sich lassen. Er lernt sich selbst differenziert kennen und steuern und kann dadurch sein Leben immer freier und balancierter gestalten.

Die Erfahrungen der letzten Jahre zeigen, dass gezielte Präventivmaßnahmen, in solcher oder ähnlicher Form, vielen Menschen eine psychische beziehungsweise psychosomatische Erkrankung ersparen können. Wichtig dabei ist, dass sie solch eine Maßnahme durchlaufen, solange sie noch im Besitz ihrer eigenen Selbststeuerung sind, ihr Erschöpfungszustand also noch nicht zu weit fortgeschritten ist.

Neben dieser intensiven Arbeit an der persönlichen Haltung und dem Aufbau sozialer Ressourcen ist es allerdings unerlässlich, auch ganz genau auf die umweltbezogenen Faktoren zu achten. Ein Unternehmen sollte von vornherein das Arbeitsumfeld seiner Mitarbeiter so gestalten, dass diese ihren Kräftehaushalt nicht kontinuierlich abbauen. Und da sind auch die Führungskräfte gefragt.

Kosten und Nutzen betrieblicher Gesundheitsprävention

Um in einem Unternehmen eine gezielte und nachhaltige Resilienzförderung verwirklichen zu können, werden Budget, Zeit und Ressourcen benötigt. Damit Geschäftsführer für dieses Projekt Geldmittel zur Verfügung stellen, müssen sie von der Kosten-Nutzen-Rechnung überzeugt sein. Viele argumentieren, in ihrem Betrieb seien die bisherigen Maßnahmen zur Gesundheitsförderung schon ausreichend vorhanden. Jeder Mitarbeiter könne die Angebote nutzen.

Sicher: In vielen Firmen konnten in den letzten Jahrzehnten durch betriebliche Arbeitssicherheit und Gesundheitsschutz große Verbesserungen und hohe Standards beim Schutz vor Arbeitsunfällen und Berufskrankheiten erreicht werden. Denoch steigen die Zahlen der psychosozialen Erkrankungen stetig an. Hierzu nochmals einige aktuellen Daten und Fakten: In Deutschland ist der Anteil der psychischen Erkrankungen in den letzten Jahrzehnten kontinuierlich angestiegen. Insgesamt ist seit 1994 bei den Arbeitsunfähigkeitsfällen ein Anstieg von mehr als 100 Prozent, bei den Arbeitsunfähigkeitstagen um über 90 Prozent zu verzeichnen. Sie sind heute die drittwichtigste Krankheitsgruppe und machen insgesamt 16 Prozent aus, Tendenz bedenklich steigend.

»Heutige Arbeitnehmer brauchen stabile psychische Ressourcen, um ihr Arbeitsleben auch bei längerer Lebensarbeitszeit gut zu bewältigen: Hohe Anforderungen an die Mobilität, eine dichter werdende Arbeitstaktung und die wachsende Zahl diskontinuierlicher Arbeitsverhältnisse. Mehr und mehr setzen Unternehmen, die auf hochqualifizierte und belastbare Mitarbeiter mit langjährig erworbenen Spezialkenntnissen angewiesen sind, auf die Gestaltung ›gesunder Arbeit‹ als einen Standortvorteil. Dazu gehören günstige Rahmenbedingungen für eine gelingende Work-Life-Balance oder die Förderung der Vereinbarkeit von Beruf und Pflege« – so steht es im BKK Gesundheitsreport 2011.

Der AOK Fehlzeiten-Report 2011 beschäftigt sich mit dem Schwerpunktthema »Führung und Gesundheit«. Er weist nachdrücklich darauf hin, dass in einer rohstoffarmen und hochindustrialisierten Dienstleistungswirtschaft wie in Deutschland die Mitarbeiter das wichtigste Leistungspotenzial eines Unternehmens sind und über den zukünftigen Unternehmenserfolg mitentscheiden. Damit angesichts des demografischen Wandels die Mitarbeiter motiviert und leistungsfähig bleiben, spielen Führungskräfte eine besondere Rolle. Sie sind oft selbst großen Belastungen und Beanspruchungen ausgesetzt, tragen gleichzeitig aber auch die Verantwortung für die Gesunderhaltung ihrer Mitarbeiter.

Mehr Einsatz für die Mitarbeiter, mehr Feedback und öfter mal ein Lob für gute Arbeit – das wünschen sich Beschäftigte von ihrer Führungskraft. Dieser Einsatz lohnt sich, bestätigt der aktuell veröffentlichte Fehlzeiten-Report. Danach haben Mitarbeiter, die von ihren Führungskräften gut informiert werden und Anerkennung erfahren, weniger gesundheitliche Beschwerden und identifizieren sich häufiger mit ihrem Unternehmen. Das erhöht auch den Unternehmenserfolg.

Allerdings nutzen viele Unternehmen dieses Potenzial nicht, das in der guten Führung schlummert. Demnach erhalten 54,5 Prozent der befragten Mitarbeiter nur selten beziehungsweise nie Lob von ihrem Vorgesetzten. 41,5 Prozent sagen aus, dass ihre Meinung vom Vorgesetzten bei wichtigen Entscheidungen nicht beachtet würde. Gleichzeitig ist jedoch mehr als ein Drittel (35,5 Prozent) der Befragten überzeugt, dass durch mehr Einsatz des Vorgesetzten für die Mitarbeiter die gesundheitliche Situation am Arbeitsplatz verbessert werden kann. »Ein gesundheitsfördernder Führungsstil beeinflusst das Befinden der Mitarbeiter positiv und hilft, auch die Fluktuation im Unternehmen gering zu halten«, sagt Helmut Schröder, Mitglied der Geschäftsführung des Wissenschaftlichen Instituts der AOK (WIdO). »Vor dem Hintergrund des zunehmenden Fachkräftemangels spielt der Führungsstil eine immer wichtigere Rolle« (aus: AOK Fehlzeiten-Report 2011).

Die Auswertung mehrerer hundert Studien der Initiative Gesundheit und Arbeit (iga) exemplifiziert, was betriebliche Gesundheitsförderung und

Prävention leisten können. Durchschnittlich 27 bis 36 Prozent der Kosten lassen sich bei der Reduktion von Fehlzeiten einsparen. Der ROI für die Fehlzeitenkosten liegt bei 1:2,73 und in Bezug auf die Einsparungen bei den Krankheitskosten bei 1:3,27 (iga-Report 28).

Wer an sich selbst oder in seinem direkten Umfeld schon einmal erlebt hat, was für einen Menschen ein sich abzeichnender Burnout bedeuten kann, der wird die Kosten-Nutzen-Rechnung von Präventionsmaßnahmen mit anderen Augen sehen. Neben all dem persönlichen Kummer und Leid des Betroffenen sowie seiner nächsten Angehörigen verursacht diese Erkrankung heftige Kollateralschäden im Netzwerk. Hierzu ein Interview mit Willy Graßl, Leiter des betrieblichen Gesundheitsmanagements am Flughafen München.

Prävention spart Geld, Zeit und Nerven

»Herr Graßl, Sie entwickeln beim Flughafen München das betriebliche Gesundheitsmanagement umfassend weiter und haben sich intensiv mit dem ROI von Präventionsmaßnahmen beschäftigt. Welche Kosten fallen nach Ihren Berechnungen durch psychosoziale Erkrankungen an?«

»Diese Frage kann sicherlich niemand eindeutig beantworten. Persönliches Schicksal und der vorübergehende oder dauerhafte Verlust von Wissen und Erfahrung sind aber die relevantesten Verluste. Hier müssen persönliche Kosten von den monetären getrennt werden. Die Kosten für ein Unternehmen können durch eingeschränkte Handlungsfähigkeiten bei einem Geschäftsführer schlimmstenfalls zur Insolvenz führen. Mit den folgenden Schaubildern fasse ich all meine Berechnungen der letzten Jahre zusammen.«

Geld

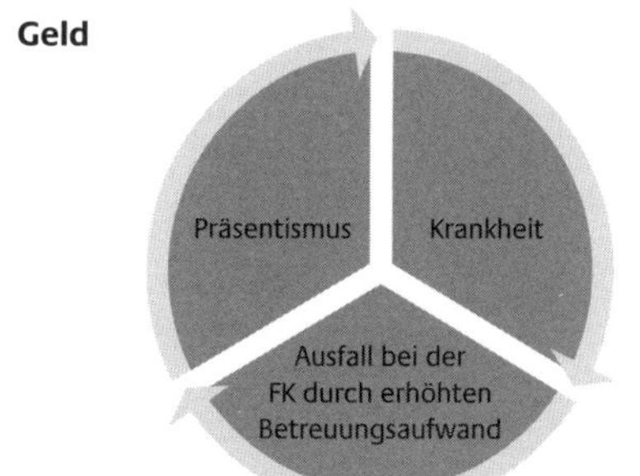

Beispielrechnung pro Jahr:
Unternehmen mit 1000 MA
220 Arbeitstage
250 € pro Ausfalltag durch Krankheit
2,5 % Präsentismus
1,0 % Krankenstand

220.000 Arbeitstage	x	2,5 % =	1.375.000 €
220.000 Arbeitstage	x	1,0 % =	555.000 €
Gesamtsumme			1.925.000 €

»Mit welchen zeitlichen Einbußen ist durch den erhöhten Betreuungsaufwand der Mitarbeiter zu rechnen?«

»Führungskräfte und Betriebe sind bei psychosozialen Erkrankungen oft überfordert. Deshalb werden diese Erkrankungen erst sehr spät wahrgenommen oder völlig falsch betrachtet. Der Aufwand ist aber immens. Ich kenne Fälle, die sich über Jahre hinziehen und einen ganzen Beraterstab beschäftigen. Es gibt Führungskräfte, die befassen sich mit einer Person im Team genauso lange wie mit den anderen zwanzig Mitarbeitern.«

Zeit

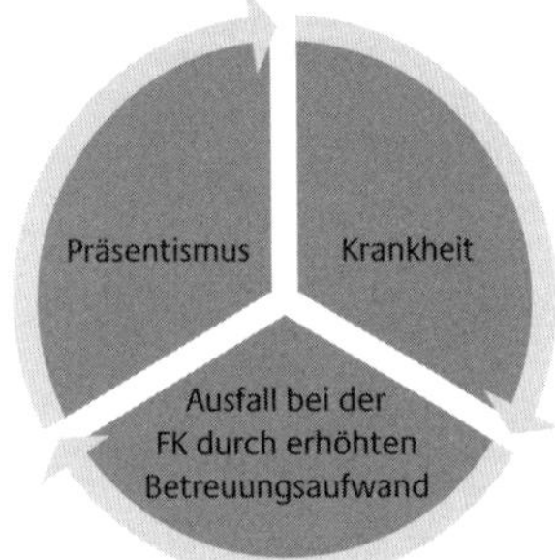

Beispielrechnung pro Jahr:
Unternehmen mit 1000 MA
220 Arbeitstage
8 Stunden pro Arbeitstag
2,5 % Präsentismus
1,0 % Krankenstand

220.000 Arbeitstage	x	2,5 %	=	44.000 Stunden
220.000 Arbeitstage	x	1,0 %	=	17.600 Stunden
Gesamtsumme				61.600 Stunden

61.600 Stunden = 35 Vollzeit MA

»Welche Belastungen kommen zusätzlich neben den täglichen Aufgaben auf Führungskräfte zu?«

»Vor allem psychische Belastungen, Unsicherheit, die Auseinandersetzung mit persönlichen Schicksalen, Hilflosigkeit, die Angst, etwas falsch zu machen, Selbstvorwürfe, Wut, Ärger, genauso aber auch die Kompensation der Ausfallzeiten oder des Wissensverlustes, Minderleistung oder die Korrektur von falschen Entscheidungen.

Nerven

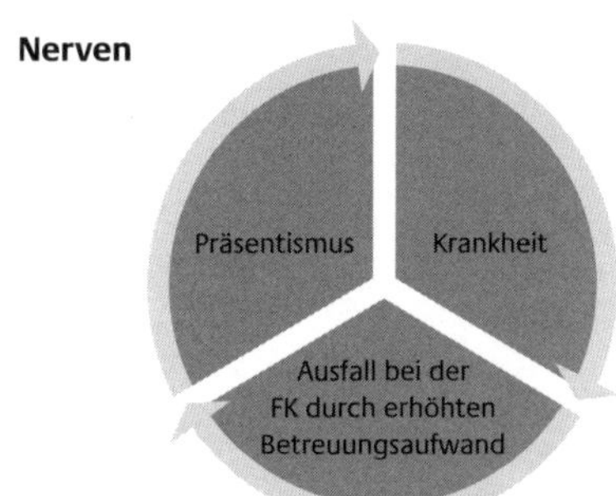

Beispielrechnung pro Jahr:
Unternehmen mit 1000 MA
40 Führungskräfte (Führungsspanne 25 MA)
220 Arbeitstage
8 Stunden pro Arbeitstag
2,5 % zusätzlicher Betreuungsaufwand (vermeidbare unproduktive Zeit)
400 € pro Ausfalltag durch zusätzlichen Betreuungsaufwand

220.000 Arbeitstage à 8 Stunden = 1760 Stunden

220.000 Arbeitstage x 400 € = 88.000 €

»Welches Fazit ziehen Sie aus Ihrer Betrachtung?«
»Die finanziellen Auswirkungen sind selbst bei kleinen negativen Entwicklungen enorm (s. Schaubilder). Ausfälle von Spezialisten oder von Beschäftigten in kleinen Betrieben potenzieren die Ausfallkosten. Ich habe festgestellt, dass in Gesprächen mit der Geschäftsführung sich die Kostenfrage immer nur so lange stellt, bis der Ernstfall eintritt. Bei der Reparatur spielen dann Kosten nur noch eine untergeordnete Rolle, Hauptsache, es läuft wieder. Die Möglichkeit des Aufbaus der persönlichen Resilienz mit einem durchgängigen und schlüssigen Konzept sehe ich als das fehlende Glied in der Evolutionsgeschichte des betrieblichen Gesundheitsmanagements.«

Welche Verantwortung trägt die Führungskraft?

Nun nähern wir uns einer wichtigen Fragestellung: Wie kann ein Führender erkennen, dass sich ein Mitarbeiter überlastet fühlt? Gibt es klassische Symptome, die einen drohenden Burnout ankündigen? Existieren Blender, die sich hinter Jammern und Klagen verbergen wollen? Wie kann man sie identifizieren und ihnen Grenzen aufzeigen? Was macht ein Führender, wenn ein Mitarbeiter tatsächlich am Anschlag seiner Kräfte ist, aber es sich selbst nicht eingestehen möchte? Wie geht er mit steigendem Krankenstand und der sich daraus ergebenden Mehrbelastung der gesunden Mitarbeiter um?

Für all diese Fragen gibt es keine Patentrezepte, da jedes Team und jede Organisation eine andere Unternehmens- und Führungskultur besitzt. Diese entscheidet maßgeblich darüber, wie mit Überforderungen bei einzelnen oder mehreren Mitarbeitern umgegangen wird. In vielen Firmen schaut es folgendermaßen aus: Die Führungskräfte stehen selbst unter einem enormen Arbeitsdruck und können auf die Stresssymptome ihrer Mitarbeiter nur unzureichend eingehen. Der Personalentwickler, der sie an dieser Stelle unterstützen sollte, muss sich über mögliche Lösungswege erst einmal klar werden. Hat er ein erstes, schlüssiges Konzept erarbeitet, erfährt er in der Umsetzung häufig zu wenig Rückendeckung von seiner Geschäftsführung und verliert durch zähe Aufklärungs- und Überzeugungsarbeit selbst an Kraft. Dem betroffenen Mitarbeiter selbst fehlen die authentischen Vorbilder, an denen er sich eine balancierte Selbststeuerung abschauen kann. Appellsätze wie »Pass auf dich auf. Lerne zu priorisieren und zu delegieren. Gehe früher nach Hause. Suche dir Unterstützung, wenn du es alleine nicht schaffst …« verhallen völlig wirkungslos, wenn das gesamte Umfeld sich abweichend oder sogar gegensätzlich dazu verhält.

Ohne gutes Vorbild wird ein Mitarbeiter aber nie lernen, auf sich selbst gut aufzupassen. Gerade Verantwortungsträger berichten in zahlreichen Fällen, sie hätten selbst nie auf ihre eigenen Bedürfnisse geachtet. Damit eine Führungskraft ihren Mitarbeitern tatsächlich kraftvoll und einfühlsam zur Seite stehen kann, braucht es aber genau das Gegenteil.

Führende müssen sich mit der Kunst der souveränen Selbststeuerung ausgiebig beschäftigen, sie individuell reflektieren, hinterfragen, für sich erobern, üben, üben, üben und in ihrem eigenen Leben erfolgreich integrieren – nur dann können sie als authentisches, überzeugendes Vorbild agieren. Dass es zur Entfaltung dieser selbstverantwortlichen Haltung und inneren Reife eines längeren Lernprozesses bedarf, erklärt sich von selbst. Und so lautet eine grundsätzliche Antwort auf die unterschiedlichen Fragen: »Um einem Mitarbeiter hilfreich zur Seite stehen zu können, muss eine Führungskraft gelernt haben, für sich selbst gut sorgen zu können.«

Eines muss aber auch klar sein: Der Führende ist weder Coach noch Therapeut oder gar Betriebsarzt. Auch kann er nicht jedwede Belastung seiner Mitarbeiter abfedern und für alle Probleme zuständig sein. Und dennoch kann man von ihm verlangen, dass er all seine Teammitglieder wach und aufmerksam begleitet und durch eine offene, vertrauensvolle Arbeitsatmosphäre eine Grundstimmung erzeugt, in der die Mitarbeiter ihre Gedanken und Gefühle offen zeigen können.

Seine Mitarbeiter kennen

Der Schutz eines Mitarbeiters vor Überlastung beginnt, bevor sich die ersten Krankheitssymptome manifestieren. Schon im normalen, täglichen Umgang zwischen den Teammitgliedern und ihrer Führungskraft kann sich dieser Schutz aufbauen. Der Führende sollte all seine Mitarbeiter in ihrer Charakterstruktur (er-)kennen und mit ihren persönlichen Lebensverhältnissen zumindest einigermaßen vertraut sein. Natürlich bewegen wir uns in der Arbeitswelt in professionellen Beziehungsgeflechten, in denen Rollen klar definiert sind und gehalten werden sollen. Es geht also nicht um Freundschaft oder gar Kumpanei, aber ein ehrliches Interesse an der privaten Konstellation der Mitarbeiter gehört zu einer guten, begleitenden Führung dazu.

Ob ein Mitarbeiter privat in einem glücklichen, stabilen Umfeld lebt oder gerade eine schwierige Trennungssituation durchläuft, seine Eltern pflegen muss oder Kinder durch Schulprobleme hindurchzunavigieren hat – all das wirkt sich auf seine Stressresistenz und Leistungsfähigkeit aus. Mit einem Mensch, der nervlich belastet ist, gilt es, ein anderes Gespräch zu führen, als mit einer Person, die stabil und sicher in sich selbst ruht. Auch die Aufgabenverteilung sollte dieser Konstellation Rechnung tragen. Dabei geht es natürlich nicht um dauerhafte Schonprogramme, sondern um zeitlich abgegrenzte Sonderregelungen. Das Thema »Aufgabenverteilung« verlangt sowieso eine hohe Sensibilität und Wachheit von den Führungspersonen.

In einem Team befinden sich immer wieder Personen, die durch ihre Arbeitsgeschwindigkeit, ihr Aufnahmevermögen und ihren persönlichen

Einsatz ins Auge stechen. Dieser Typ Mitarbeiter ist für eine Führungskraft äußerst angenehm, da er selbstverantwortlich seine Arbeit abwickelt und meistens auch noch für das Team mitdenkt. Gerade diesen Mitarbeitern wird schnell mal dieses und jenes zusätzliche Projekt übertragen, da sie in der Lage sind, mit diesen Themen professionell und zügig umzugehen. Früher, als nach dem Abschluss von Sonderprojekten auch wieder ruhigere Phasen einkehrten, regulierte sich die Arbeitsbelastung auf natürlichen Wegen. Heute, wo sich eine Aufgabe an die andere reiht beziehungsweise sich Projekte überlagern und dynamisch ausweiten, kommen rührige Mitarbeiter überhaupt nicht mehr zum Durchatmen.

Bei ihnen herrscht daher die größte Gefahr, nach der ersten Phase der Überaktivität in eine Negativspirale zu geraten, in der sich mehr und mehr Resignation und Hilflosigkeit ansammelt. Leider erfahren gerade diese Leistungsträger für ihren Einsatz nur unzureichende Wertschätzung, da ihr Leistungspensum als normal erachet wird. Genau das aber lässt das persönliche Stressempfinden um ein Vielfaches ansteigen. Letztendlich geht es immer um die Summe von Belastung und Ressourcen. Wer viele Kraftspender zu nutzen weiß und sich seiner Rückendeckung gewiss ist, kann souverän mit hohem Druck umgehen. Wem wenige Kraftreserven zur Verfügung stehen und sich gleichzeitig als Einzelkämpfer wahrnimmt, der wird schneller in die Knie gehen.

Mit der nächsten Übung erhalten Führende ein einfaches Instrument, um die Belastbarkeit der einzelnen Mitarbeiter differenziert einschätzen zu können.

Übung: Pakete sortieren

Einführung

Im produzierenden Gewerbe besteht ein Teil des Kapitals einer Firma aus Maschinen, deren Auslastungskapazität und Wartungsbedarf eindeutig bekannt sind. Darauf wird in der Regel auch genau geachtet. Im Dienstleistungsgewerbe subsumiert sich das Kapital der Firma hauptsächlich aus Menschen, die ähnlich eines Maschinenparks der »Wartung und Pflege« bedürfen. Dieser Tatsache wird vielerorts unzureichend Beachtung geschenkt.

Viele Arbeitnehmer fühlen sich tatsächlich wie Packesel, denen immer mehr aufgeladen wird. Aus Loyalität zu ihren Vorgesetzten lassen sie es auch zu, dass sie über die Maßen strapaziert werden – nur ist dieses Verhalten sehr kurzsichtig. Viel klüger ist es, Belastungsfähigkeit auf Dauer zu betrachten und Aufgabenpakete unter dem

Aspekt der Nachhaltigkeit zu verteilen. Um dies im täglichen Trubel bewältigen zu können, gilt es für die Führungskraft immer wieder, mit Abstand Zusammenhänge und Einflussfaktoren anzuvisieren.

Ziel
Sorgfältige Auseinandersetzung mit der Leistungskapazität der einzelnen Mitarbeiter. Sichtbarmachung und Abgleich von Aufgaben und Ressourcen.

Material
Stühle, Moderationskarten in zwei Farben, Stifte.

Übungsablauf
Schritt 1: Wählen Sie für sich selbst und jeden Ihrer Mitarbeiter einen Stuhl. Gruppieren Sie die einzelnen Sitzmöbel als Sinnbild Ihrer Kommunikation und Beziehung im Alltag. Positionieren Sie erst sich selbst und dann in freier Reihenfolge die anderen. Mitarbeiter, die Ihnen emotional näher stehen und Ihnen zugewandt sind, stehen auch in diesem Bild, symbolisiert durch einen Stuhl als Platzhalter, näher und zugedreht. Mitarbeiter, zu denen weniger Bindung existiert, finden ihren Platz entfernter und gegebenenfalls abgewandt.

Schritt 2: Nehmen Sie nacheinander auf jedem der Stühle Platz, spüren Sie in den Mitarbeiter hinein und fragen Sie sich:

- Was für ein Lebensgefühl füllt diesen Menschen aus?
- Wie viel Selbstvertrauen besitzt er?
- Fühlt er sich gesund und vital?
- Welche Belastungen hat er unabhängig von der Arbeit in seinem Privatleben zu stemmen?
- Steckt er Probleme schnell weg oder neigt er dazu, sich alles zu Herzen zu nehmen?
- Fühlt er sich gesehen und geachtet?
- Erfährt er von Ihnen Rückendeckung, Wertschätzung und Halt?
- Wie erlebt er seine Stellung im Team?

Nehmen Sie sich für dieses Hineinspüren Zeit und Muße – wenn es Ihnen gelingt, sich in Ihren Mitarbeiter aufmerksam hineinzuversetzen, ist diese Fähigkeit viel wert.

Schritt 3: Notieren Sie auf den Moderationskarten die jeweiligen Aufgaben und Ressourcen, die ein Mitarbeiter besitzt. Wählen Sie hierfür zwei Farben, um die Gewichtung deutlich sichtbar zu machen. Als Ressourcen dienen die persönlichen Fähigkeiten, Zeit, Unterstützung, eine positive Grundeinstellung, Regenerationsmöglichkeiten, Anerkennung …

Schritt 4: Legen Sie die Moderationskarten zu der jeweiligen Mitarbeiterposition. Treten Sie zurück, und betrachten Sie die Aufstellung mit Abstand. Achten Sie dabei auf die feinen Botschaften und Impulse von Körper, Herz, Verstand und Seele.

Schritt 5: Setzen Sie sich auf jeden einzelnen Stuhl und überprüfen Sie die Aufgabenverteilung im Team: Wer wird überfordert, wer wird unterfordert? Können die zu erledigenden Aufgaben geschickter verteilt werden? Welche Ressourcen können zusätzlich flottgemacht werden? Was fühlt sich leichter, fairer an?

Schritt 6: Entwickeln Sie einen Maßnahmenplan, den Sie mit den einzelnen Mitarbeitern beziehungsweise dem ganzen Team besprechen können.

Tipps für Führungskräfte
Ein Team kann man sich wie ein Achter-Ruderboot vorstellen. Im besten Fall hat jeder der Mitglieder das gleiche Engagement und ähnliche Kondition. Tatsächlich variiert die Grundkonstitution aber immer wieder, und nun liegt es am »Trainer«, die unterschiedlichen Levels geschickt zu verbinden. Es gehört zu einem kollegialen Miteinander dazu, dass jeder seiner Leistungsfähigkeit entsprechend seinen Platz einnimmt. Bei besonderen Belastungssituationen (berufliche Sonderprojekte oder private Sorgen) ist es völlig in Ordnung, wenn ein Teammitglied seine Ruder ein wenig aus dem Wasser zieht und die anderen ein Stück für ihn mitrudern. Dies sollte aber für alle Beteiligten gelten, und nicht immer für die gleiche Person. Fairness ist an dieser Stelle extrem wichtig!

Führung braucht Zeit und wirkliches Interesse

Sich in einen anderen Menschen differenziert hineinversetzen zu können, gehört unumgänglich zum Führungsrepertoire dazu. Dieses Einfühlungsvermögen bedeutet nicht, ständig einen Kuschelkurs zu fahren und eine Wir-haben-uns-alle-lieb-Atmosphäre künstlich aufrechtzuerhalten – ganz im Gegenteil: Potenziale entfalten sich durch Liebe und Klarheit, und das bedeutet, sich Zeit zu nehmen für wirkliche Auseinandersetzungen. So einfach es klingt, so schwierig ist es, dies im Beziehungsalltag zu konkretisieren.

Mitarbeiter möchten von ihrem Vorgesetzten wahrgenommen werden, sie möchten ihn »spüren« und nicht nur mental, sondern auch emotional begreifen können. Zum einen braucht der Mitarbeiter Unterstützung und

Wertschätzung, zum anderen aber auch klare Ansagen und deutliches Feedback.

Wer sich den alarmierenden Anstieg psychosozialer Erkrankungen vor Augen hält, weiß, dass gute, klare, einfühlsame Führung mehr denn je gefragt ist. Belastete Mitarbeiter, die ständig unter Strom agieren, brauchen an ihrer Seite einen Mentor, der Fallgruben und Stolpersteine kennt und zu umgehen hilft. Um dieser anspruchsvollen Aufgabe gerecht werden zu können, muss der Führende für verschiedene Ebenen unterschiedliches Rüstzeug bereithalten. Er sollte

- sich selbst gut kennen und aufmerksam für sich sorgen können,
- wissen, für welche Werte er steht,
- seine Beziehungsmuster beobachten und ausbalancieren sowie seine Fähigkeiten auf menschlicher Ebene gezielt weiterentwickeln,
- sein fachliches Führungs-Einmaleins beherrschen,
- bei seinen Vorgesetzten die Zeit zum Führen einfordern (am besten gemeinsam mit Kollegen),
- mit seinen Mitarbeitern und Kollegen offen über das Verhältnis von Belastung und Ressourcen sprechen und es aktiv steuern sowie
- Fachwissen zum Thema »Burnout« besitzen.

All diese Punkte spielen im Arbeitsalltag zusammen und werden ständig abgerufen. Arbeiten Sie gezielt an Ihrem persönlichen Spektrum – es wird Ihnen helfen, auch unter hohem Stress fest und sicher dazustehen.

SCHRITT 6:
Schmieden Sie Ihre Mitarbeiter und Kollegen eng zusammen

»In einem Unternehmen hat die Kultur die Funktion des Immunsystems. […] Bei guten Unternehmen spürt man schnell Offenheit, Freundlichkeit, Humor und einen positiven Charme der Mitarbeiter. […] Für das Funktionieren einer gesunden Kultur ist dabei das Vertrauen so wichtig wie genügend Eiweiß und Vitamine für das Immunsystem.«

Cay von Fournier (2005, S. 195)

Bilden Sie tragende Netzwerke, die in Krisenzeiten Kraft spenden

Freundschaft und Flexibilität

Zum Jahreswechsel griffen viele Medien das Thema »Glück« auf. So stieß ich in der ZEIT unter der Rubrik »Wissen« auf einen interessanten Artikel mit der Überschrift »Kann man Glück lernen?« (29. Dezember 2011, Die Zeit, Nr. 1). Die Autorin Stefanie Schramm zog während ihrer Ausführungen immer wieder Erkenntnisse aus der Resilienzforschung zurate, und so möchte ich einige Abschnitte ihres spannenden Berichts zitieren:

> »Egal, welchen Forscher man fragt: Dass soziale Beziehungen einer der wichtigsten Schlüssel zum Glück sind, ist Konsens. Vielleicht ist es sogar das Einzige, worauf sich alle einigen können, von den Psychologen bis zu den Ökonomen.So sagt George Bonanno von der Columbia University in New York, der die Widerstandsfähigkeit von Menschen (Resilienz) erforscht: ›Leute, die über ein großes soziales Netzwerk verfügen, lachen in unseren Experimenten häufiger. [...] Genau solche Menschen überstehen selbst dramatische Ereignisse wie die Terroranschläge vom 11. September besser.‹ Und der Wirtschaftswissenschaftler Gert Wagner, Leiter der SOEP, sagt: ›Einer der wichtigsten Faktoren für die Lebenszufriedenheit ist, dass die tatsächliche Arbeitszeit mit den persönlichen Vorlieben übereinstimmt‹ – damit genug Zeit für Familie und Freunde bleibe.«

Im weiteren Verlauf wird der Frage nachgegangen, inwieweit man lernen kann, innige Beziehungen und gute Freundschaften zu knüpfen. Die Forschung ist sich einig, dass eine lieblose Kindheit einen noch lange nicht dazu verdammt, auch als Erwachsener ohne Wärme, Nähe und Zuneigung sein Leben zu fristen. Wir lernen ständig dazu und nehmen im Laufe unseres Lebens immer weitere Prägungen auf. Gerade von Menschen, die wir mögen und lieben, lernen wir besonders intensiv.

Auch das Thema »Anpassungsfähigkeit« wird außerordentlich hervorgehoben. Besonders ältere Menschen haben im Laufe ihres Lebens verinnerlicht, gelassener und milder mit Streitigkeiten umzugehen. Dadurch, dass ihre Ressourcen nachlassen, achten sie speziell darauf, in welche Auseinandersetzungen sie Kraft stecken oder eben nicht. So verstehen sie es, trotz menschlicher Reibereien ihre sozialen Kontakte zu bewahren. Es komme vornehmlich darauf an, dass das Verhalten zur jeweiligen Situation passe. So gelangt die Autorin zu folgendem Fazit:

> »Freundschaft und Flexibilität – also die Offenheit für Menschen und für den Wandel: Dieser Schlüssel zum Glück liegt in uns selbst. [...] Einfach anlesen kann man sich das nicht, das muss man sich schon selbst erwerben.«

Glück und Zufriedenheit gestalten

Wie kostbar gute Beziehungen sind, das weiß wohl jeder. Spätestens bei der Übung »Das Energiefass» offenbart sich, wie viel Energie und Freude die meisten Menschen aus ihren Partnerschaften und dem Kontakt zu ihren Eltern und Kindern ziehen können. Auch den wenigen guten, alten Freunden kommt bei dieser Energiebilanz eine besondere Rolle zu, denn gerade in diesem Kreis kann sich ein Mensch ganz und gar entspannen und zeigen, wie er ist. Die gemeinsame Vertrautheit wird ausnehmend als erholsam und kraftspendend betont.

Auch gute berufliche Beziehungen füllen den Energiespeicher auf. Da die meisten Führungskäfte viele, viele Stunden in ihren Firmen verbringen, teilen sie mit ihren Mitarbeitern, Kollegen, Vorgesetzten und Kunden auch eine gehörige Portion Lebenszeit. Ob diese Zeit als spannend und sinnvoll oder eher als nervenaufreibend, unproduktiv oder gar als Verschwendung aufgefasst wird, hat neben der Identifikation mit der eigenen Aufgabenstellung viel mit der Qualität dieser Beziehungen zu tun.

Begegnungen mit Menschen können sowohl stärken und aufbauen als auch aussaugen und lähmen. Kontakte so zu gestalten, dass sie uns nicht wie ein Klotz am Bein hängen, sondern uns erfreuen und uns Flügel wachsen lassen, das ist eine wertvolle Kompetenz, der sich der nächste Trainingsschritt zuwendet. Als Erstes möchte ich Sie dazu einladen, sich ihr bisheriges Beziehungsnetzwerk genauer anzuschauen. Führende haben in viele Richtungen und quer durch alle Hierarchiebenen Kontakte, und so ist es immens wichtig, das eigene Kommunikationsverhalten zu kennen und ständig weiterzuentwickeln.

Übung: Netzwerkdiagramm

Einleitung

Jeder Mensch baut sich im Laufe seines Lebens ein soziales Netzwerk auf, das aus privaten und beruflichen Kontakten besteht. Es speist sich aus der Familie, aus alten und neuen Freunden, aus Bekannten, aus dem beruflichen Umfeld und vielen anderen Kontakten mehr. Innerhalb dieses Netzes gibt es Beziehungen, die stark ausgeprägt oder eng miteinander verbunden sind. Sie konnten sich über viele Jahre hinweg festigen. Andere Beziehungen dagegen entsprechen eher losen Begegnungen, die keinerlei Verbindlichkeiten in sich tragen. Keine Beziehung gleicht der anderen – und alle wollen auf ihre Art und Weise gehegt und erhalten werden.
In der heutigen Arbeitswelt, in der Zeit ein so kostbares Gut geworden ist, haben viele Menschen kaum mehr die Muße, sich ganz bewusst ihren Freundschaften zu widmen. Soziale Kontakte bröckeln eher vor sich hin. Viel zu häufig erinnert man sich erst an »Freunde«, wenn ein Notstand eintritt. In Krisenzeiten wird in der Regel das persönliche Netzwerk aktiviert, um die wertvollen Kontakte zu nutzen. In diesem Moment wird deutlich, wie viel Unterstützung und Kreativität in solchen Verbindungen liegt – oder auch nicht. Wer sein Netzwerk wie einen großen Garten versteht, den er ständig im Auge behält und dem er regelmäßig die nötige Hege und Pflege angedeihen lässt, der kann sich auf dieses tragende Geflecht verlassen. Die folgende Übung führt das individuelle Beziehungsgeflecht plastisch vor Augen.

Ziel

Sie beschäftigen sich mit dem Anlass, den Inhalten und der Qualität Ihrer einzelnen Beziehungen. Die Übung kann für die Untersuchung des beruflichen Kontextes, aber auch des privaten Umfelds dienen. Durch die Gesamtschau kann das eigene Verhalten im Hinblick auf eine bestimmte Rollenpräferenz überprüft werden.

Material

Stifte, Papier, Moderationskarten, Seile, Klebebänder.

Übungsablauf

Schritt 1: Sie werden nun Ihr gesamtes privates und berufliches Beziehungsgeflecht in einem Schaubild visualisieren. Tragen Sie auf einem Blatt Papier alle Menschen oder Personengruppen zusammen, die in Ihrem Leben eine Bedeutung haben. Bezeichnen Sie den Anlass und den Inhalt der Begegnung.
Übertragen Sie diese Namen jeweils auf eine Moderationskarte, und finden Sie ein Symbol für die Qualität dieser Beziehung: Erfreut oder belastet Sie der Mensch, er-

fahren Sie Glück oder Kummer mit ihm, Stress oder Entspannung, Resignation oder Unterstützung?
Für sich selbst legen Sie auch eine Moderationskarte an.

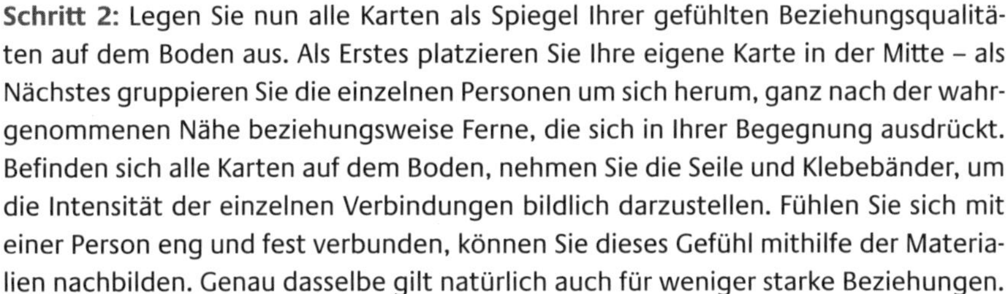

Schritt 2: Legen Sie nun alle Karten als Spiegel Ihrer gefühlten Beziehungsqualitäten auf dem Boden aus. Als Erstes platzieren Sie Ihre eigene Karte in der Mitte – als Nächstes gruppieren Sie die einzelnen Personen um sich herum, ganz nach der wahrgenommenen Nähe beziehungsweise Ferne, die sich in Ihrer Begegnung ausdrückt. Befinden sich alle Karten auf dem Boden, nehmen Sie die Seile und Klebebänder, um die Intensität der einzelnen Verbindungen bildlich darzustellen. Fühlen Sie sich mit einer Person eng und fest verbunden, können Sie dieses Gefühl mithilfe der Materialien nachbilden. Genau dasselbe gilt natürlich auch für weniger starke Beziehungen.

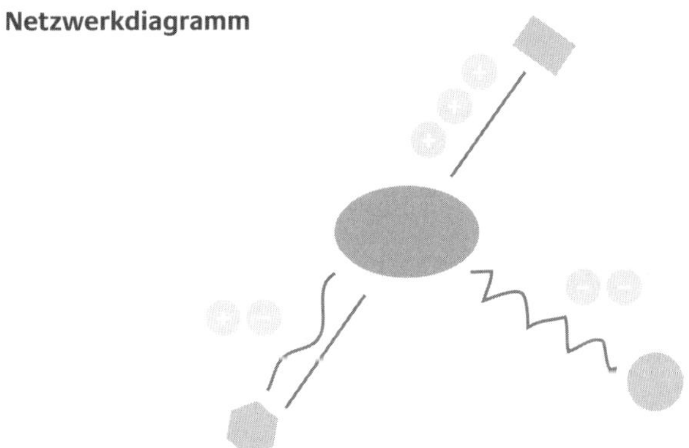

Schritt 3: Sobald Sie dieses Beziehungsdiagramm vollendet haben, können Sie die Darstellung aus ein wenig Abstand auf sich wirken lassen. Achten Sie dabei auf die direkten, authentischen Impulse Ihres Körpers, der Gefühle, des Verstandes und der Seele.
Nach der Außenbetrachtung können Sie sich auch mitten in das Diagramm hineinstellen und nun diesen Eindruck auf sich wirken lassen.

Schritt 4: Begutachten Sie die einzelnen Beziehungen im Überblick und fragen Sie sich:

- An welchen Stellen trägt Ihr Netzwerk und schenkt Ihnen einen zuverlässigen Lebensrahmen?
- Wo kommt es hingegen zu Irritationen, Störungen und dünnen, brüchigen Verbindungen?

- Fühlen Sie sich wohl mit der jetzigen Situation oder möchten Sie dieses Beziehungsgeflecht erweitern, verkleinern, stärken, ausdünnen?

Nehmen Sie sich Zeit und gehen Sie in aller Ruhe diesen Fragen und Aspekten nach. Leiten Sie davon anschließend realistische Maßnahmen ab.

Tipps für Führungskräfte

Das Netzwerkdiagramm ist sehr hilfreich, um die eigene Positionierung innerhalb des Unternehmens festzustellen und gegebenenfalls zu verändern. Diese Standortbestimmung lässt sich natürlich ebenso mit dem ganzen Team durchführen. Auch hier wird die Verortung innerhalb der Mikropolitik der Organisation untersucht – diesmal für die gesamte Gruppe. Dieser Blickpunkt kann für die Beziehungspflege zu anderen Schnittstellen augenöffnend wirken.

Netzwerkpflege ist heute unerlässlich

Die Übung macht durch ihren dreidimensionalen Aufbau bildhaft deutlich, wie stark und zuverlässig beziehungsweise dünn und brüchig ein Mensch sein soziales Netzwerk angesiedelt hat. Es gehört zum Paradox unserer heutigen Zeit, dass kaum mehr Ruhe und Muße bleibt, einem Menschen richtig in die Augen zu schauen. Gleichzeitig verlangt gerade das berufliche Leben nach aktiver Verflechtung und offener Abstimmung mit anderen, um eine reibungslose Informations- und Wissensweitergabe abzusichern. An dieser Stelle gilt es also, in zwei Richtungen zu arbeiten. Zuerst ist immer wieder zu hinterfragen, in welcher Form man die zur Verfügung stehende Zeit mit anderen Personen überhaupt nutzt. Häufig kommt es nicht auf die Länge eines Gesprächs an, sondern auf die Intensität, die Offenheit und die Aufmerksamkeit, die man seinem Gegenüber entgegenbringt. Zum anderen braucht Beziehungspflege selbstverständlich ein hervorragendes Zeitmanagement. Widmen wir uns zunächst der Fähigkeit, offen und einladend auf andere Menschen zuzugehen.

Die aktive Pflege des Beziehungsbands

Sobald sich zwei Menschen begegnen, bildet sich zwischen ihnen spontan eine individuelle Chemie aus. Für diese Chemie reicht in vielen Fällen schon der erste Eindruck, das erste Händeschütteln, die ersten paar Worte. Sind sich beide vom Fleck weg sympathisch, haben sie Glück miteinander. Sie werden schnell und einfach in ein gutes Gespräch und in eine konstruktive Zusammenarbeit finden.

Literaturtipp

Ori und Rom Brafman (2011): CLICK. Der magische Moment in persönlichen Begegnungen. Die Brüder Brafman haben das Phänomen der spontanen Anziehung zwischen zwei Menschen wissenschaftlich untersucht. Anhand von Beispielen aus persönlichen Paarbeziehungen, aus dem Mannschaftssport oder aus dem Berufsleben destillieren sie die ihrer Ansicht nach entscheidenden Randbedingungen derartiger Situationen heraus und zeigen, wie man sie für Karriere und Familienleben nutzen kann.

Sind sich die Personen dagegen unsympathisch, dann sollten sie von Anfang an aktiv an der Ausbildung eines Beziehungsbands arbeiten. Stellen Sie sich zum Beispiel vor, zwischen Ihnen und dem anderen fließt ein Strom. Ist dieser Fluss breit und stark, können Informationen in Form von Schiffen leicht von dem einen zum anderen Ufer passieren. Ist diese Verbindung allerdings nur ein Rinnsal, fällt es größeren Schiffen – also komplexeren Informationen – schwer, ihren Weg zu finden. Wird auf diesem Fluss zuweilen auch noch ein Kriegsschiff gesetzt – ein Konfliktgespräch oder eine unliebsame Kritik – dann kommt der Fährverkehr schnell zum Erliegen.

Um eine durchgehend fruchtbare Kommunikation abzusichern, bedarf es also einer umsichtigen, präventiven Pflege des Beziehungsbands. Dabei spielen die folgenden Faktoren eine Rolle.

Was stärkt eine Beziehung? An erster Stelle steht: echtes Interesse. Auch ein offener, lebendiger Austausch – nicht nur über Fachthemen – festigt die Beziehung. Wichtig ist auch das Warmlaufen, bevor es zur Sache geht. Hierfür müssen Führende kreativ und weitherzig werden, besonders wenn es sich um einen für sie unangenehmen Mitarbeiter handelt, der vielleicht gar nicht ihrer eigenen Wellenlänge entspricht. Bedenken Sie: Vielfach spiegelt genau dieser Mensch ungeliebte Anteile der eigenen Persönlichkeit wider – umso schwieriger gestaltet sich dann der Kontakt.

Die aktive Pflege des Beziehungsbands ist in alle Richtungen notwendig: zum Mitarbeiter, zum Kollegen, zu den Kunden, zum Partner, zu den Kindern, zu Freunden und Bekannten ... Auch beim direkten Vorgesetzten gilt es, diese Dynamik immer im Auge zu behalten. Der Chef ist für jeden Mitarbeiter eine wichtige, ausschlaggebende Person. Ob man beruflich erfolgreich ist und sich bei der Arbeit wohl fühlt, hängt ganz entscheidend von diesem gemeinsamen Verhältnis ab. Durch eine positive oder negative Beurteilung des Vorgesetzten können Entwicklungen gefördert oder gebremst werden. Überall menschelt es – persönliche Zu- und Abneigung entscheidet weitgehend darüber, ob man gerne zur Arbeit geht oder nicht. Das alles gilt es in der Führungsarbeit zu beachten.

Was steht auf der Stirn geschrieben? Bei einem Beziehungsband kommt es nicht nur auf die gesprochenen oder geschriebenen Worte an. Das, was Sie darüber hinaus denken, fühlen, empfinden, »steht auf Ihrer Stirn« und ist für jedermann lesbar. Wenn Sie beispielsweise in einer Besprechung das Spruchband durchtickern lassen »Von dir halte ich gar nichts. Fachlich bist du eine Null, auch wenn du mein Vorgesetzter bist. Und menschlich halte ich dich für einen Waschlappen – da kannst du autoritär auftreten, so viel du willst«, dann wird das wahrgenommen und Sie können sich vorstellen, was Sie bei Ihrem Chef auslösen. Dasselbe nehmen Ihre Mitarbeiter wahr, wenn Sie deren Arbeit geringschätzen. Und Sie wiederum bemerken umgekehrt bei ihren Mitarbeitern, wenn diese Ihnen mit mangelnder Wertschätzung gegenübertreten.

Generell gilt: Solche Doppelbotschaften stören Beziehungen. Nehmen wir nochmals das Beispiel mit Ihrem Vorgesetzten. Auf dem mentalen Empfangskanal werden Sie ihm wahrscheinlich gesellschaftsüblich höflich und angemessen begegnen. Ihre ganze Ausstrahlung und Haltung erzählt aber eine andere Geschichte. Menschen in höheren Positionen fühlen sich leicht angegriffen und bedroht, von daher sind sie für solche subtilen Schwingungen sehr empfänglich.

Finden Sie heraus, ob Sie zu Ihren Gesprächspartnern, Mitarbeitern, Kollegen ein authentisches, offenes Verhältnis aufbauen können. An dieser Stelle ist Ehrlichkeit vor sich selbst und Einfallsreichtum gefragt. Sollte diese Person Dinge verkörpern, die Sie auf keinen Fall gutheißen können und die Ihrem persönlichen Wertekatalog widersprechen, dann sollten Sie sich für einen »geordneten Rückzug« entscheiden. Übernehmen Sie die Verantwortung und kümmern Sie sich tatkräftig um eine realistische Neuordnung der Verhältnisse – das kann bis zu einer selbst eingeleiteten Kündigung gehen.

Je verantwortungsbewusster Sie diesen Veränderungsprozess in Angriff nehmen, umso eher können Sie ihn auch selbst steuern. Negieren Sie dagegen die schlechte Beziehung und lassen Sie die Dinge laufen, wird irgendwann Ihr Vorgesetzter eine Entscheidung treffen. Dann haben Sie doppelt schwer zu tragen: einmal an der Veränderung und zum anderen an dem Erleben, ohnmächtiges Opfer zu sein.

Genauso knifflig kann es werden, wenn dieses ungenießbare Gegenüber nicht der Vorgesetzte, sondern ein wichtiger Mitarbeiter ist. Diesem Fall begegne ich in der Praxis relativ oft.

Konsequenz erspart viel Leid

Bei einem Teamtraining einer Verkaufsabteilung, das insgesamt harmonisch verlief, stellte sich heraus, dass einer der Mitarbeiter sehr gute Leistungen ablieferte, aber ansonsten ein eher schwieriger Zeitgenosse war. Alle Regeln, die für seine Kollegen eine Bedeutung hatten, galten für ihn meistens nicht. Er kam zu spät, verschwand dann erst mal in der Kaffeeküche und verließ sich darauf, dass die anderen den Verkaufsraum herrichteten. Kaum öffnete der Laden seine Pforten, stand er parat und bediente seine Kunden bestens. Aufräumen lag ihm dagegen wieder gar nicht. Oft musste ihm hinterhergeräumt werden. Interessanterweise ließ sich dazu immer wieder jemand breitschlagen. Diese Situation wurde während des Trainings offen angesprochen und diskutiert. Der Mitarbeiter versprach Besserung, aber an seinem ganzen Auftreten konnte man voraussehen, dass seiner Rede keine Taten folgen würden. Er fühlte sich offenbar unkündbar, da er im Team die besten Verkaufszahlen aufweisen konnte.
Tatsächlich machte die Führungskraft auch keinen konsequenten Eindruck. Sie forderte von ihm zwar ein, dass er sich wie alle anderen an die Arbeitsregeln zu halten habe, aber diese Ansage kam (aus meiner Sicht) nicht eindeutig genug rüber. Sowohl der Führende als auch die Teamkollegen ließen dem jungen Mann viel zu viele Schlupflöcher, die er schamlos ausnutzte. Während unseres Trainingstages traten trotz unterschiedlicher Interventionen weder genügend Einsicht noch Verbesserung der Situation ein.
Ich sah das Team nach einem Jahr wieder; in der Zwischenzeit war die Situation eskaliert. Der gute Verkäufer hob immer mehr ab und wirkte auf seine Kollegen unerträglich arrogant. Seine Verkaufsergebnisse wurden bewundert, aber keiner mochte ihn. Der Führende verlor an Autorität, da er auf Dauer zu schwach und unfair wirkte. Das Team hatte an Schwung und Strahlkraft verloren, da dieser ewige Konflikt allen viel Kraft, Nerven und das gegenseitige Vertrauen geraubt hatte.

Endlich wachte die Führungskraft auf und griff durch. Der Verkäufer erhielt zwei Abmahnungen und plötzlich verstand er, was los war. Kurz vor seiner Entlassung kam er zu Sinnen und lernte, seine Extrarolle aufzugeben.
Im Nachhinein stellte der Teamleiter fest, dass er schon viel früher seinen Mitarbeitern und sich selbst hätte Kummer ersparen können. Er hatte sich von den guten Zahlen blenden und regelrecht erpressen lassen – dafür zahlte er einen hohen Preis. Diese Lernerfahrung gab allen sehr zu denken.

Teamschmiede verlangt hohen Respekt und Aufmerksamkeit

In den letzten Jahren konnte ich viele spannende Teamtrainings halten. Zumeist handelt es sich um Projektgruppen, die ambitionierte Ziele verfolgen und unter einem immens hohen Druck stehen. Diese Anspannung fördert ihre Leistungsfähigkeit, ihre Wachheit und ihre Kreativität. Gleichzeitig liegen häufig die Nerven blank, und unter der Oberflächre ihrer professionellen Zusammenarbeit häufen sich jede Menge Konflikte an. Diese können durch die gemeinsame Ausrichtung eine ganz Weile unterdrückt und überspielt werden, doch irgendwann ist der Zeitpunkt gekommen, zu dem sich diese »unterirdischen Störfelder« bemerkbar machen. Die Teammitglieder kooperieren immer missmutiger miteinander, einzelne Seilschaften werden gegründet, der Flurfunk boomt.

Sich in dieser Phase mit einer Gruppe hinzusetzen und sie zu einem offenen, ehrlichen Gespräch einzuladen, ist ein Gang über dünnes Eis. Überall lauern Eislöcher oder Sprengfallen, die so ein Gespräch blitzartig in eine höchst unangenehme Eskalation treiben können. Von daher habe ich mir angewöhnt, bei Teams niemals mit der Tür ins Haus zu fallen. Ich achte sorgfältig darauf, zunächst eine wertschätzende, aufmerksame Gesprächsatmosphäre zu erzeugen, die sich besonders durch eine angemessene und respektvolle Wortwahl ausdrückt. Das Aufstellen von gemeinsamen Spielregeln (s. S. 63) ist dabei ein wesentlicher Eckpfeiler. Verschiedene Arten der Standortbestimmung (ab S. 38) geben dem Team die Möglichkeit, erst einmal sachlich ins Gespräch zu finden und schrittweise die Belastbarkeit ihrer achtsamen Gesprächskultur zu erproben. Verbale, unsachgemäße Entgleisungen spreche ich sofort klar, aber freundlich an und bitte um eine positive Umformulierung.

Ressourcen für den Gesprächsverlauf aktiv aufbauen

Solche Teams verstehen schnell, was ich meine – im Grunde leiden sie sehr unter dem Ton und den Gepflogenheiten, in die sie durch ihre immense Arbeit hineingerutscht sind. Sie wünschen sich sehnlichst Entlastung und wollen ihre Missverständnisse und Kränkungen aus der Welt schaffen. Schrittweise, mithilfe eines entschleunigten, bewussten Austauschs, decken wir sowohl die Talente und Potenziale als auch die Einschränkungen sowie Blockaden in ihrer Zusammenarbeit auf. Ohne etwas schönreden zu wollen, erachte ich es als immens wichtig, die erfolgreichen, kostbaren Seiten einer Zusammenarbeit klar zu benennen und aktiv wertzuschätzen. Diese Sichtbarmachung der gemeinsamen Leistung schafft einen emotionalen Boden, auf dem sich die Gruppe stabil und geerdet fühlen kann. Im weiteren Gesprächsverlauf können wir immer wieder auf diesen festen Grund zurückkehren und verlieren uns nicht im »Schwarzsehen«.

Neben dieser Wertschätzung gilt es, auch Probleme und »Fehler« klar und deutlich anzusprechen und dadurch die Möglichkeit zum konstruktiven Lernen zu schaffen. Dabei sollte es nie um Schuldzuweisungen gehen, sondern immer um ein wertfreies, interessiertes Forschen nach Zusammenhängen. Kein Mensch ist ohne Fehl und Tadel. Eine fachliche und menschliche Perfektion voneinander zu verlangen, wäre kindisch. Ausschlaggebend ist, wie Schwierigkeiten miteinander bereinigt werden können.

Wenn ich mir die Belastbarkeit und Tragfähigkeit von Partnerschaften, Teams und Organisationen anschaue, dann wird eines schnell klar: Schöne Erlebnisse, Erfolg, Ruhm und Ehre verbinden. Noch viel mehr jedoch schmieden gemeinsam bewältigte Schwierigkeiten, fair ausgetragene Streitgespräche und konstruktiv genutzte Reibungen bis hin zu hart ausgetragenen Waffengängen zusammen. Eine Gruppe, die durch solch ein heißes, loderndes Feuer gegangen ist, ohne größere Blessuren davonzutragen, hat einen enormen Wettbewerbsvorteil: sie ist resilienter als andere.

Ständig am Team dranbleiben

Eine Führungskraft hat vielleicht nicht das Fachwissen und den Erfahrungsschatz wie ein erprobter Teamtrainer, besitzt aber den nicht zu unterschätzenden Vorteil, viele verschiedene Situationen mit seinen Mitarbeitern hautnah zu durchleben. Der Alltag bietet spontan unterschiedlichste Möglichkeiten an, dem einzelnen Mitarbeiter oder auch der gesamten Gruppe wertschätzendes als auch konstruktiv-kritisches Feedback angedeihen zu lassen. Viele Konflikte müssen sich gar nicht erst dramatisch hochschaukeln, wenn eine Führungskraft es versteht, ständig an der Beziehungspflege dranzubleiben. Schon bei kleinen Fragestellungen und Erschütterungen kann sie aktiv ausgleichen. Diese ständige Aufmerksamkeit bedeutet viel Arbeit, da brauchen wir uns nichts vorzumachen. Das bezieht sich auf die Partnerschaft, die Kinder, die Eltern, die Freunde genauso wie auf alle anderen Begegnungen, die sich im sozialen und beruflichen Umfeld abspielen. Wann und wie wir diese Arbeit verrichten, bleibt sich allerdings gleich: Jeden Tag ein wenig mit überschaubarem Energieaufwand oder auf einmal mit einer großen Kraftanstrengung.

Konflikte frühzeitig bereinigen heißt Energie sparen

In jungen Jahren war ich eher konfliktscheu und harmoniebedürftig. Dafür zahlte ich zumeist einen hohen Preis, weil alle ungeklärten Themen mir knallhart auf die Füße fielen. Das ließ mich aufmerken und klüger werden. Als kraftschonender erachte ich es heute, möglichst schnell auf Themen zuzusteuern, die in Schieflage geraten sind. Dazu braucht es ständige Reflexion über Zusammenhänge.

Die nächste Übung präsentiert eine andere Variante, mit einem Team tiefer zu gründeln. Anstatt miteinander zu reden, funken die Gruppenmitglieder über andere Kanäle, wie sie zueinander stehen und füreinander fühlen. Für diese Intervention sollte ein ausgebildeter Trainer hinzugezogen werden.

Übung: Teamaufstellung

Einführung

In jeder Gruppe bilden sich neben der offiziellen Rollen- und Aufgabenverteilung inoffizielle Netzwerke aus, über die in der Regel nicht gesprochen wird. Dabei spielt die Chemie zwischen den einzelnen Personen kräftig mit. Kollegen, die sich gut verstehen und vielleicht gemeinsame Hobbys teilen, sehen und sprechen sich öfter. In diesem Kontext werden außer den privaten Dingen auch berufliche Informationen ausgetauscht – ohne dass sie es bewusst anstreben, arbeiten diese Menschen viel effektiver zusammen. Der gleiche Mechanismus funktioniert leider auch in die andere Richtung. Daher gilt: Mitarbeiter, die sich nicht sympathisch sind oder einfach über

weniger Anknüpfungspunkte verfügen, müssen ihr Beziehungsband aktiv pflegen, sonst fällt ihnen der professionelle Wissensaustausch schwerer.
Die Aufstellungstechnik gestattet es einem Team, all diese bekannten oder unbekannten Beziehungsgeflechte nonverbal zu inszenieren und somit sichtbar zu machen. Widersprüche oder Abweichungen zwischen dem, was körperlich gemimt wird, und dem, was gesagt wird, können reflektiert werden. Anhand der dargestellten Konstellation kann sich der Führende ein Bild von dem sozialen Gefüge machen, in dem die Gruppenmitglieder ihre Arbeit verrichten. Während des Übungsverlaufs ist es den Teilnehmern erlaubt, spontan eine körperliche Reaktion auf ihre Position zu erfahren, die anschließend auf der verbalen und emotionalen Ebene hinterfragt werden kann.
Durch die Positionierung registriert jeder Einzelne seinen momentanen »Stand«. Ihm wird deutlich, »wo er steht», »wie er steht», mit wem er sich »zusammensetzen» oder eben »auseinandersetzen« muss.

Ziel
Sichtbarmachung von Beziehungsqualitäten innerhalb der Gruppe. Überprüfung des Ist-Zustands und kraftvolle Ausrichtung auf Verbesserungen.

Übungsablauf
Die Übung kann ausschließlich von einem Coach und Trainer mit entsprechender Ausbildung durchgeführt werden. Die Übungsanweisung ist ausnahmsweise aus Trainersicht formuliert.

Schritt 1: Die Teammitglieder gruppieren sich zunächst locker im Raum. Nach und nach wählt jeder Einzelne eine für sich stimmige Position, wobei er auf die räumliche Anordnung, seine Haltung, Mimik und Gestik achtet. Kollegen, die sich gut verstehen, positionieren sich dementsprechend nah beinander und zugewandt, bei Unstimmigkeiten kann die »gefühlte Wirklichkeit« durch Abstand und unterschiedliche Blickrichtung symbolisiert werden.

Schritt 2: Lassen Sie der Gruppe Zeit und Raum, um ihre Plätze zu finden. Dieser Prozess kann länger dauern, da die einzelnen Teammitglieder höchstwahrscheinlich verschiedene Positionierungen ausprobieren wollen, bis es sich für alle stimmig anfühlt. Sobald die ganze Mannschaft steht, wird es ruhiger – die Darstellung soll erst einmal ohne Worte wirken können.

Schritt 3: Jeder Teilnehmer berichtet, wie es ihm an seinem Platz ergeht. Achten Sie dabei auf Gedanken, Gefühle, Körperwahrnehmungen und die Bewegung der Seele. Die Aussagen bleiben unkommentiert im Raum stehen.

Schritt 4: Lassen Sie einzelne Personen nach außen treten und verschiedene Blickwinkel einnehmen (der Trainer übernimmt dabei als Platzhalter deren Position). Wie erlebt er als neutraler Zeuge die Positionierung des Teams? Was erfährt er, wenn er durch die Augen des Kunden blickt, der seine Bedürfnisse optimal erfüllt haben möchte? Wie ist die Wirkung des Teams auf den Geschäftsführer? An die geäußerten Wahrnehmungen schließen sich zunächst keine Diskussionen an – sie sollen erst mal wirken.

Schritt 5: Nach eingehender Kontrolle der einzelnen Positionen kann sich die Ist-Analyse in einen Soll-Zustand weiterentwickeln. Die Teilnehmer suchen sich eine neue Position, die für sie nach all den bisherigen Erfahrungen stimmiger anmutet. Auch dieses Bild braucht Zeit zum Entstehen. Sobald alle Mitglieder ihren Platz gefunden haben, wird das Reden eingestellt. Nach ein paar Minuten der aufmerksamen Wahrnehmung kann die gesamte Formierung aufgelöst werden – die Gruppe braucht danach eine Pause.

Tipps für Führungskräfte
Eine Teamaufstellung arbeitet aufdeckend und kann schnell unter die Haut fahren. Es ist eine machtvolle Arbeitsmethode, um blockierte, schwer durchdringbare Situationen transparent zu machen und Festgefahrenes wieder in Bewegung zu bringen. Allerdings sollten Sie genau auf die Auswahl des Trainers achten. Der Erfolg der Aufstellungsarbeit hängt maßgeblich von der Professionalität und dem feinsinnigen Spürsinn des Leiters ab.

Ein Bild sagt mehr als tausend Worte

Ich hoffe, dass alleine durch die Beschreibung der Aufstellungsarbeit klar wird, wie tief und kraftvoll diese Methode sein kann. Viele Teams tragen ein geschöntes Bild ihrer Zusammenarbeit in sich, das mit der gefühlten Realität der einzelnen Mitglieder nur wenig korrespondiert. Durch Gespräche lässt sich diese Diskrepanz kaum aufdecken – ganz im Gegenteil. Im Zuge von Diskussionen herrscht vielerorts die Gefahr, dass die schon gefestigten Überzeugungen ohne großen Erkenntnisgewinn reproduziert werden.

Sobald sich eine Crew aber in Bewegung setzt und sowohl ihre Körperwahrnehmungen als auch Gefühle in Bildersprache verwandelt, schaut das Ganze gleich anders aus. Einer Aufstellungsarbeit kann sich niemand entziehen, denn bei dieser Methode wird der ganze Mensch mit all seinen

Sinneskanälen aktiviert und involviert. Auch wenn die entstehende Skulptur erst überraschend, irritierend oder gar schockierend sein mag, bietet sie eine fantastische Arbeitsgrundlage, um bisher verdeckte Probleme anzusprechen.

Überraschende Erleichterung

Ein Team, das mir im Vorgespräch versichert hatte, wie locker alle miteinander umgehen und wie gut sie sich verstehen, begann mit der Aufstellungsarbeit. Zunächst stellten sich alle Kollegen eng beieinander auf und bildeten lachend einen großen Haufen. Bei näherer Überprüfung bemerkten einige der Teilnehmer allerdings, dass sie an ihrem zuerst gewählten Standort nicht richtig plaziert waren.
Das ganze Feld begann sich nochmals in Bewegung zu setzen, und nach einiger Zeit entstand ein ganz anderes Bild. Nun befanden sich nur noch wenige Mitarbeiter eng beisammen, viele hatten sich weiter entfernt einen Platz gesucht. Bei eingehender Befragung stellte sich heraus, dass dieser intuitiv gewählte Platz tatsächlich eine tiefere Wahrheit zutage gefördert hatte. Manchen fiel es nicht leicht, ihre authentischen Gefühle zu äußern, aber hinter der netten, harmonischen Fassade schlummerten einige Konflikte, die nun zur Sprache kommen konnten. Keiner der Konflikte war wirklich dramatisch oder gar unlösbar. Aber in der Summe hatte sich in dem Team einiges aufgestaut. Nach der Übung waren alle überrascht, wie einfach und unkompliziert sie ihre Probleme ansprechen konnten. Dabei wurden einige Missverständnisse und Kränkungen aus dem Weg geräumt – alle fühlten sich erleichtert.

Mithilfe der nächsten Übung kann ein Team noch einen wesentlichen Schritt weiter gehen und die guten Erkenntnisse in verbindliche Handlungsschritte übertragen.

Übung: Was ist mein Beitrag?

Einführung
Nachdem das Team seine tatsächlichen Beziehungsqualitäten verbildlicht und überprüft hat, wendet sich nun der Blick konsequent auf die Verbesserungsmöglichkeiten. Im zweiten Standbild hat die Gruppe, ohne lange nachzudenken und eher aus dem Bauch heraus, eine gemeinsame Aufstellung gesucht, die sich besser, adäquater, professioneller anfühlte. Dabei wurden die Empfindungen jedes einzelnen Teammitglieds berücksichtigt und auch die Außenblickpunkte dazugenommen. Ganz wesentlich ist natürlich die Perspektive des Kunden, denn um den zufriedenzustellen, hatte sich das Arbeitsteam überhaupt erst zusammengefunden. Es ist überraschend, wie oft diese Tatsache unter den Tisch fällt.

Es gibt genügend Organisationen, die sich hauptsächlich mit sich selbst beschäftigen und die wichtigste Person im ganzen Spiel schier vergessen haben. Auch dieser gefährliche Umstand offenbart sich mithilfe der systemischen Arbeit schnell und direkt.
Wie auch immer das erste und das zweite Standbild geartet sind – nach dieser Erkenntnis geht es nun um die Ausrichtung und Realisierung der neuen Erfahrungen. Hierzu bitte ich jedes Teammitglied, in die Selbstverantwortung zu gehen und sorgfältig zu hinterfragen, was sein persönlicher Beitrag bei der Weiterentwicklung des Gruppennetzwerks sein kann. Mir geht es dabei nicht um schnelle, gut gemeinte Angebote, die sich wenig später als reine Lippenbekenntnisse herausstellen. Nein, gefragt ist eine ehrliche Reflexion der tatsächlichen Motivation, Zeit und Aufmerksamkeit in die Beziehungsqualität zu investieren. Erst muss der Wille vorhanden sein, Vertrauen, Kommunikation und Informationsfluss anzuheben, dann finden sich auch die richtigen Wege dorthin. Die einzelnen Fragen dieser Übung regen dazu an, auf den Punkt zu kommen.

Ziel
Ehrliche Analyse des persönlichen Beitrags zu Beziehungskonstellationen im Team. Ausrichtung auf Verbesserungen und verbindliche Vorschläge für selbstverantwortlich umgesetzte Maßnahmen.

Material
Schreibbrett, Stifte.

Möglichkeit zur Kleingruppenarbeit
Die Übung wird von jedem Teilnehmer alleine auf dem Schreibbrett erledigt. Die anschließende Austauschrunde findet direkt in der großen Gruppe statt, da die einzelnen Reflexionen Konsequenzen für das ganze Team haben.

Übungsablauf
Gehen Sie in Ruhe folgenden Fragen nach:

- Frage 1: Welche Verantwortung trage ich bisher für meine Positionierung im Team und meine Netzwerkpflege?
- Frage 2: Was habe ich durch die Teamaufstellung erkannt?
- Frage 3: Was möchte ich tatsächlich ändern?
- Frage 4: Welche Maßnahmen fallen mir dazu ein, und welche davon möchte ich direkt angehen?
- Frage 5: An welcher Stelle wünsche ich mir Unterstützung von meinen Kollegen und meiner Führungskraft?

Tipps für Führungskräfte
Gehen Sie bei dieser Aufgabenstellung als kraftvolles Vorbild vorneweg. Zeigen Sie Ihren Mitarbeitern, dass auch Sie aktiv an sich arbeiten und mit Klarheit und Verbindlichkeit an Ihren gesteckten Zielen dranbleiben. Lassen Sie sich von Ihren Mitarbeitern genauso überprüfen, erinnern und unterstützen, wie Sie es auch mit ihnen machen. So können Sie alle voneinander lernen.

Die gemeinsame Kraft spüren

Es sind kostbare Momente des Lebens, wenn man erleben darf, dass man sich nicht alleine durch den Tag kämpfen muss, sondern im Verbund fliegen kann. Natürlich bewegen sich Begegnungen innerhalb des Berufs immer im professionellen Rahmen. Sie haben eine andere Gewichtung als private Beziehungen. Und dennoch ist die Macht und Kraft eines wirklich guten Teamspirits nicht zu unterschätzen.

Oft ist es ganz wenig, was Menschen brauchen, um sich öffnen zu können. Ein wenig Wertschätzung für die geleistete Arbeit, Gespräche auf Augenhöhe, Verständnis für die individuelle Situation, Respekt vor dem Menschen an sich. Es freut mich für jedes Team, das sich diese Aufmerksamkeit untereinander schenken kann. Ihre Leistungsfähigkeit und ihre Lebensfreude werden gemeinsam ansteigen.

SCHRITT 7:

Fassen Sie den Mut zur Klarheit

»Verstehe den Wandel. Nutze die Möglichkeiten. Wer in dieser Wirtschaft dabei sein will, muss Verantwortung übernehmen. Er muss den Antrieb haben, außergewöhnliche Dinge anzupacken, und die Ausdauer, sie umzusetzen. Und das wiederum erfordert die Bereitschaft zu permanentem Wandel und zu neuem Denken.«

Anja Förster und Peter Kreuz (2010, S. 12–13)

Üben Sie, komplexe Themen differenziert zu betrachten und ehrlich zu benennen

Verantwortung übernehmen und sich an die Arbeit machen

Im nächsten Trainingsschritt werden die bisher angesprochenen Aspekte aufgegriffen und vertieft beziehungsweise aus anderen Blickwinkeln reflektiert. Dieser Schritt dient dazu, altbekannten Blockaden und Stolpersteinen auf die Pelle zu rücken und sie – trotz bewusster Widerstände – schrittweise aufzulösen. Ziel dabei ist es, das persönliche Selbstbewusstsein so zu stärken, dass bisher unüberwindliche Hürden endlich genommen werden können. Wer mit sich selbst im Reinen ist, scheut sich nicht, Verantwortung zu übernehmen, um auf umgebende Einflussfaktoren und/oder andere Personen klar und unmissverständlich einzuwirken.

Eine umfassende Resilienz-Förderung widmet sich verschiedenen Ebenen:

- der persönlichen Grundhaltung, die ein Mensch gegenüber sich und seinem Leben einnimmt,
- den sozialen Kraftquellen, die er sich zu erschließen vermag, und
- den arbeitsbezogenen Ressourcen, die er aktiv mitgestaltet.

Der Grundpfeiler der Resilienz: die Arbeit an der persönlichen Haltung

Eine Führungskraft sollte zunächst lernen, für sich selbst gut zu sorgen. Diese Sorgfalt für die eigene Person bildet die Grundlage, um zuverlässig Verantwortung für andere Personen übernehmen zu können. Die Übung »Das Energiefass« (s. S. 59) verdeutlicht in kurzer Zeit, welche Erlebnisse den persönlichen Energiehaushalt stärken und stabilisieren oder auch schwächen und irritieren können. Zunächst gilt es, über den Zusammenhang von Belastung und Ressource Bewusstsein zu schaffen. Ein Mensch, der sich auf allen Ebenen gut zu ernähren weiß, kann auch über einen längeren Zeitraum große Strapazen meistern. Solange er auf eine gute Balance in seinem Energiehaushalt achtet, braucht er sich vor einer Erschöpfungskrankheit nicht zu fürchten.

Psychische Ernährung hat viel mit entspannenden, zugleich anregenden, genussreichen und auch aufregenden Sinneseindrücken zu tun. Seinen Körper regelmäßig auszupowern und ihm dann wieder Entspannung und Regeneration zu schenken, fungiert als zuverlässige Kraftquelle, die viele Menschen abschalten und zur Ruhe kommen lässt. Essen, Trinken, Schlafen, Bewegen, Regenerieren – diese fünf Komponenten müssen optimal aufeinander abgestimmt sein – dann freut sich der ganze Organismus über vielfältige Belastungen. Emotionale Balance und mentale Stärke lassen sich viel eher verwirklichen, wenn auf der Körperebene Freude und Wohlbefinden überwiegen.

Ein klug gesteuerter Körper produziert einen ausgeglichenen Hormonhaushalt und kann mit Stressattacken ganz anders umgehen als ein Organismus, der schon im normalen Stand-by-Modus Adrenalin durch die Blutbahnen jagt. Körper, Gefühle und Gedanken sind eng miteinander verknüpft. Meinem rasenden Verstand kann ich nicht befehlen, ruhiger zu werden. Nein, ein Gedanken- und Gefühlskarussell lässt sich mit keinem noch so scharf formulierten Appellsatz überzeugen, das Tempo herauszunehmen. Aber über den Körper kann ich sehr wohl auf dieses filigrane System Einfluss ausüben und es immer gekonnter im Gleichgewicht balancieren.

Sobald ich auf meinen Organismus entspannend einwirke, und das kann sehr schnell durch gezielte Körper- und Atemübungen gelingen, beruhigen sich auch mein Verstand und meine Emotionen. Die Wissenschaft nennt dieses Phänomen »Biofeedback«.

So besteht die erste ernst zu nehmende Hausaufgabe in der eigenen, disziplinierten Selbststeuerung. Je klarer die Vision, das Anliegen, die Ausrichtung formuliert wird, wofür sich diese Arbeit an der eigenen Person lohnt, umso einfacher wird sich dieser Prozess gestalten. Die Seele eines Menschen, in der sich sein individuelles Potenzial, seine Herzensanliegen, sein Charisma, seine Liebe, seine Wärme und seine Durchsetzungskraft spiegeln, kann der stärkste Motor werden, um nicht locker zu lassen, die eigenen Werte und Träume zu realisieren.

Viele bekannte Menschen, die in ihrem Leben Großes erschaffen konnten, berichten immer wieder, dass sie schon als Kind oder Jugendlicher ein klares Bild in sich trugen, wie sie ihre Ziele erreichen werden. Diese unabdingbare Klarheit und Beharrlichkeit gilt es zu entwickeln, dann wird ein Leben in Balance kein schöner, unerreichbarer Traum bleiben, sondern schnell Wirklichkeit werden.

Soziale Ressourcen schaffen

Geben und Nehmen im Gleichgewicht Wer sich selbst zu erfüllen weiß, hat für die Anliegen und Wünsche anderer Personen großes Verständnis und verfügt vor allem auch über die Kraftreserven, sich ihnen zuzuwenden. Führung verlangt, dass man sich anderen Personen gerne widmet und es mag, sie darin zu unterstützen, ihre Selbstwirksamkeit kontinuierlich zu erhöhen. Im besten Fall rückt nicht der Führende in den Vordergrund und glänzt, sondern sein Mitarbeiter, der durch seine Hilfe Erfolgserlebnisse sammeln kann. Dieses altruistische Verhalten legt man dann gerne an den Tag, wenn das eigene Bedürfnis nach Anerkennung und Selbstbestätigung schon einen gewissen Sättigungsgrad erreicht hat. Wer viele Erfolge und Bestätigungen erleben konnte, gibt sie bereitwillig an andere weiter – und schafft in sich Platz, damit neue, wertvolle Erfahrungen nachfließen können.

Resiliente Menschen verstehen es bestens, das Füllhorn des Lebens anzuzapfen und für sich zu nutzen, um ihre Kraftspeicher kontinuierlich zu füllen. Sobald dies gelungen ist, folgen sie dem nächsten Bedürfnis: ihre Entwicklung mit anderen zu teilen, sie weiterzugeben und durch das Lehren selbst weiterzulernen. Womit wir bei einer anderen ganz wichtigen Voraussetzung für gute Führung sind: Sorgfalt für andere durch maßvolles Fördern und Fordern. Manchmal gilt es, Verantwortung bei sich zu behalten, um die Mitarbeiter nicht unnötig zu überfordern. Dann wieder ist es ratsam, Aufgaben aktiv weiterzuleiten, um andere wachsen zu lassen. Es braucht viel Fingerspitzengefühl, das richtige Timing für die Potenzialentfaltung seiner Mitarbeiter zu finden. Vertrauen und Augenmaß sollten sich dabei ergänzen.

In einer Beziehung zu sein, Verbindungen geduldig aufzubauen und sie wie einen behutsam gepflegten Garten erblühen und gedeihen zu lassen – das schafft tragfähige Partnerschaften und Freundschaften, die auch bei Sturm nicht auseinandergerissen werden. Eine soziale Ressource zu errichten heißt, viel zu geben, zu investieren, quasi auf ein Beziehungskonto einzuzahlen – dann kommt es im Gegenzug auch zur Ausschüttung. Ein lebendiges Netzwerk ist ständig in Bewegung. Geben und Nehmen sind im Fluss. Für manchen mag das bedeuten: »Eine Hand wäscht die andere – wenn ich dir aus der Patsche helfe, kann ich mich auch auf dich verlassen.« Diese Art eines stillschweigenden Vertrags wird im beruflichen Umgang oft praktiziert.

Den Schatten integrieren Eine tiefer gehende Interpretation dieses Prinzips kann lauten: »Ich versetze mich in deine Lage, erspüre deine Bedürfnisse und unterstütze dich darin, Probleme zu durchdringen, sie zu lösen und dich dadurch weiterzuentwickeln.« Gute Freundschaft bedeutet nicht immer, verständnisvoll eine Schulter zum Anlehnen zu bieten. Oftmals geht es darum, Klartext zu sprechen, unangenehme Themen zu benennen, seinen Gesprächspartner auch mit ungeliebten Wahrheiten zu konfrontieren.

Tiefe Freundschaften und tragfähige Partnerschaften entstehen durch die Ehrlichkeit und den Mut, Konflikten nicht aus dem Weg zu gehen, sondern sie konstruktiv auszutragen. Menschen, die beruflich oder privat über viele Jahre gemeinsam durchs Leben wandern, kennen in der Regel ihre Sonnen- und Schattenseiten. Miteinander können sie einen ungeschönten Blick auf Dinge werfen. Statt sich etwas vorzumachen, können sie eine Wahrheitssuche anstreben und lernen, ihre eigenen Grenzen zu ertragen. Durch das Zulassen von Unzulänglichkeiten, ohne dabei in Hysterie auszubrechen (wie wir es in der Öffentlichkeit leider allzu oft erleben), kann eine größere Kraft entstehen, die Schattenseiten nicht ausschließt, sondern integriert.

Auch Netzwerke stabilisieren sich über die Jahre, wenn neben Erfolg und Freude auch Scheitern und Niederlagen miteinander verarbeitet werden können. Durch diese innere Reifung kann Vertrauen und große Verlässlichkeit erwachsen. Dieser intensive, über Strecken auch schmerzhafte Prozess verlangt allerdings Courage und Einsatz – und auch Abenteuergeist, um dem Mysterium des Lebens immer tiefer auf den Grund zu gehen.

»Man überwindet niemals etwas, indem man sich widersetzt. Man kann etwas nur überwinden, indem man tiefer geht.«
Claudio Naranjo (1996)

Narzissmus und Eigennutz sind menschlich Bei vielen Teams, die ich über einen längeren Zeitraum begleite, kann es ganz schön heftig werden. Das Zusammenleben in einer Organisation ist wie ein großer Spiegel, in dem sich das schöne, anziehende Gesicht eines Menschen zeigen kann, aber auch sein hässliches, abschreckendes, oftmals auch hilfloses Antlitz. Wo es sich um Geld, Macht und Status dreht, kann gleichermaßen Eigennutz, Gier und Narzissmus auf den Plan gerufen werden.

All diese Eigenschaften gehören zu unserem Wesen dazu. Es ist anstrengend, sich diese polarisierende Dimension der menschlichen Natur einzugestehen. Wir alle neigen dazu, ungeliebte Charaktereigenschaften anderen Menschen zuzusprechen, uns selbst aber in einem besseren Licht wahrzunehmen. Diese Projektionen beruhigen unser Gewissen, verstricken uns aber in manipulierte Wirklichkeitskonstrukte. Ein nüchterner Blick auf die eigene Person kann weiterhelfen.

Nur wer sich selbst in seinen sogenannten niederen Bedürfnissen betrachtet und annimmt, kann diese Charakterfacetten auch anderen Menschen widerspiegeln und begreifbar machen. Da wir uns bei dieser inneren Arbeit immer im Forschungslabor befinden, handelt es sich dabei niemals um eine Verurteilung, Ausgrenzung oder einen moralisch erhobenen Zeigefinger. Mit wertfreiem Blick existieren keine Gedanken, keine geheimen Regungen, keine verborgenen Winkelzüge, die nicht zumindest mit offenem Interesse auf ihren eigentlichen Ursprung untersucht werden könnten.

Narzissmus ist oftmals eine Übersprungshandlung und versucht, ein anderes Defizit in der Persönlichkeit zu überspielen. Gier kann der Versuch sein, eine ungestillte Sehnsucht zu erfüllen – die Frage ist nur, mit welchen Erfolgen sie sich tatsächlich befrieden lässt. Hinter jedem noch so sachlichen Thema steht immer ein Mensch, dessen fachliche Argumentation durch dahinterliegende Emotionen eingefärbt wird. Diese »hintere Leinwand« kann sukzessive ins Bewusstsein geholt werden, um den handelnden Akteuren mehr Freiheit und Klarheit zu schenken.

So ein ehrlicher Reflexionsprozess mag zunächst ziemlich aufwendig erscheinen. Auf der anderen Seite schleppen viele Unternehmen ungeklärte Konflikte und Problemfelder mit sich herum, die ständig Sand ins Getriebe des täglichen Ablaufs streuen. Neben den enormen emotionalen Kosten fordern diese Ungereimtheiten, die fleißig unter den Teppich gekehrt werden, oftmals auch einen gehörigen finanziellen Tribut, der oft unterschätzt wird. Wenn eine Firma auf Dauer ihre internen Hausaufgaben nicht macht, herrscht die Gefahr, dass gute Mitarbeiter abwandern. So höhlt sich das Unternehmen langsam, aber sicher selbst aus.

Meistens suchen Organisationen erst Klärung, wenn der Preis, den sie durch ihre Verdrängung zu zahlen haben, schmerzhafter erscheint als ihre Berührungsängste vor einer offenen Auseinandersetzung. Dieses Phänomen lässt sich auch im privaten Kontext beobachten. Das Resilienzprinzip achtet immer darauf, Klärung und Weiterentwicklung proaktiv anzusteuern, um nicht unnötig Porzellan zu Bruch gehen zu lassen. Manchmal ist dieser Scherbenhaufen allerdings unvermeidbar, da die beteiligten Personen sonst nicht aufwachen.

»Geh an die Orte, die du fürchtest.«
Pema Chödrön (2002)

Sich selbst nicht auslassen Unangenehme Auseinandersetzungen im Team neigen zur Eskalation. Ein Wort gibt das nächste, und je heißer die angesprochenen Themen werden, umso undifferenzierter fliegen die einzelnen Gesprächsbeiträge hin und her. Dies ist natürlich keine Atmosphäre, in der sich tiefer liegende Ursachen wertfrei und mit gegenseitigem Respekt analysieren lassen. Zumeist braucht es regelmäßige Treffen und einen kompetenten Moderator, der dabei hilft, Vertiefungen auf eine geduldige und konstruktive Art zu gestalten. In solch einem Rahmen können sich aber bemerkenswerte Entwicklungsprozesse vollziehen.

Nehmen wir das Bild einer Zwiebel: Um an ihren Kern vorzudringen, gilt es, eine Haut nach der anderen abzutragen. Ihre äußersten Schichten sind robust und lassen sich mit gröberem Werkzeug bearbeiten. Doch unter dieser widerstandsfähigen, eher spröden Außenhaut verbirgt sich ein weiches, empfindsames Inneres, das bei seiner Berührung »Tränen« verursachen kann.

In ähnlicher Art ereignet sich auch die »Häutung« eines einzelnen Menschen (oder eines ganzen Teams). Zu Anfang beschäftigt er sich mit seiner äußeren Schale, die er meistens als Schutzpanzer ausgebildet hat. Mit ein wenig Selbstreflexion kann er die Ausformungen und Strategien dieser wehrhaften Außenhaut identifizieren und sie auch beschreiben. Dies ist zu Anfang ein eher kognitiver Prozess, der sich mit der Zeit in eine emotionale Wahrnehmung verwandeln kann. Durch Innehalten und Nachspüren … Nachlauschen … kann sich die Gedankenebene mit den umrankenden Gefühlen verbinden.

Das authentische Zulassen innerster Regungen ist, wie gesagt, oftmals ein anstrengendes Unterfangen. Da sich unser Organismus über Jahre, gar Jahrzehnte darin trainiert hat, tiefere Empfindungen abzuwehren, zu unterdrücken, zu verharmlosen oder gar zu negieren, ist es nachvollziehbar, welch besondere Geduld und Wertschätzung diese Berührung der Gefühle erfordert.

»Wie viele Kreise gibt es, ehe man zum Atmen, zum Leben kommt? Ich zähle sieben: Zweifel, Angst, Zögern, Rücksichtnahme, Einbildung, Unentschlossenheit, Ungewissheit.«
Jakov Lind

Auf dieser Reise durch die unterschiedlichsten Gefühlsschattierungen spult unser System unbewusst seine automatisierten Vermeidungsstrategien ab. Je intensiver sich das Gespräch Themen zuwendet, die wir intuitiv abwehren, umso heftiger reagieren unsere inneren Wächter. Wir können dabei genau zwischen unserem klaren Bewusstsein, das sich unbedingt weiterentwickeln möchte und hierfür in Kontakt treten will mit zunächst unliebsamer Selbsterkenntnis, und unseren unbewussten Schutzmechanismen unterscheiden, die ihr normales Repertoire abspulen möchten. Diese Automatismen können uns aggressiv werden oder in völlige Blockadehaltung verfallen lassen. Sie werfen sogenannte Nebelbomben und ziehen das Gespräch auf irgendwelche Nebenschauplätze. Gleich, welche Strategien unsere Abwehrmechanismen aus der Tasche holen, sollten wir uns doch von diesen Manövern nicht ablenken, nicht irritieren und auch nicht provozieren lassen.

Ein gut reflektiertes, ambitioniertes Team kann mit der Zeit eine hohe Gesprächskultur entfalten, indem sich die Akteure wachsam auf die Finger schauen, auf welche Art ihre Beziehungs- und Kommunikationsmuster funktionieren.

Die Kraft des Innehaltens ist dabei ein kostbares Geschenk. Die Teammitglieder sollten sich von keinem Winkelzug ihrer »Autopiloten« abschütteln lassen, sondern immer wieder zu einer klaren Untersuchung zurückfinden. Freundliche Wertschätzung, gepaart mit unmissverständlicher Klarheit, lässt Widerstände aufdecken, sich langsam beruhigen und schließlich zähmen. Mit der Zeit lichtet sich der Nebel, und ein Team kann seine Leistungsblockaden, seine Meinungsverschiedenheiten und Konfliktpunkte mehr und mehr vom Tisch räumen.

Den eigenen Selbstwert aktiv stärken Diese offene Selbsterforschung und Weiterentwicklung antizipiert auf alle Fälle eine gehörige Portion Lebenserfahrung und Vertrauen in die eigene Persönlichkeit. Um Selbstvertrauen aktiv zu stärken, habe ich mir folgende Übung einfallen lassen, die ich mit Führenden und ihren Teams durchwandere. Sie eignet sich gleichermaßen, um jungen und auch älteren Menschen ihren persönlichen Wert vor Augen zu führen. Sie kann zunächst für die Einzelperson angewandt, im nächsten Schritt aber auch als Teamaufgabe verstanden werden. Dann wird das Selbstvertrauen der ganzen Gruppe inspiziert.

Übung: Die Selbstwert-Waage

Einführung

Vielen Menschen sieht man es förmlich an, dass sie unter einem defizitären Selbstwertgefühl leiden. Manche versuchen, diesen Umstand geschickt zu verbergen, und bemühen sich, selbstsicher aufzutreten. Manch einer hat sich dabei eine recht ruppige Außenhaut zugelegt. Er wählt die Strategie: »Angriff ist die beste Verteidigung«. Dahinter verfügt er aber über keine natürlich gewachsene Autorität, die ihn in Stresssituationen mit Gelassenheit und Übersicht agieren lässt. Andere machen sich gar nicht die Mühe, diese Lücke im eigenen System zu ummanteln. Es sind oft sehr hilfsbereite, freundliche Menschen, die sich einfach so geben, wie sie sind.
Auffallend ist, dass dieser so wichtige Glaube an sich selbst bei vielen Menschen mangelhaft ausgeprägt ist, obwohl sie in ihrem Leben schon viel für sich selbst und andere geleistet haben. Ohne sich auf diese wesentlichen Lebensereignisse zu berufen, konzentrieren sie sich hauptsächlich auf ihre Schwächen und Einschränkungen. Natürlich trägt jeder Mensch in sich auch unliebsame Eigenschaften und stößt immer wieder an seine Grenzen. Diese unterschiedlichen Erfahrungswerte und Blickpunkte gilt es aber, miteinander abzuwägen und in ihrer Interpretation auszutarieren.
Besonders unter Druck kann allerdings leicht das Gegenteil passieren: Befindet sich eine Person in einer Krise oder problembehafteten Zeit, blendet er seine glücklichen und erfolgreichen Erfahrungen oftmals aus, dafür treten eher die unliebsamen Erinnerungen in ihm hervor. Er erlebt sich als schwach und schätzt seine Lebenskompetenz eher gering ein. Diese Wahrnehmung ist selektiv, da sie unendlich viele Momente des Glücks und der Befähigung ausblendet. Die folgende Übung soll helfen, sich beide Seiten seiner Lebensmedaille vor Augen zu halten, wobei das Hauptaugenmerk auf den geglückten, freudvollen Erlebnissen liegt.

Ziel

Bewusstmachung von selbstwertstärkenden und -schwächenden Situationen im Leben – Verankerung im Selbstvertrauen.

Material

Seil, Moderationskarten, Stifte.

Übungsablauf

Schritt 1: Jeder Teilnehmer führt diese Übung für sich selbst durch. Als Erstes legen Sie mit dem Seil eine Waage aus und beschriften die beiden Waagschalen mit:

- »positive Lebenserfahrungen, Kompetenzen, gelebte Potenziale« und
- »negative Lebenserfahrungen, Schwächen, schlummernde, noch nicht entdeckte Potenziale«.

Schritt 2: Wenden Sie sich zunächst der positiven Seite zu: Nehmen Sie sich Zeit, um mit dieser Waagschale Ihres Lebens in Kontakt zu treten. Lassen Sie einzelne Erinnerungen auftauchen (Situationen aus der Schulzeit, im Sportverein, mit Freunden, in der Ausbildung, im Beruf, in der Familie und so weiter), und legen Sie für jede dieser Situationen eine Moderationskarte an. Auf diesem Blatt steht die Essenz dieses Erlebnisses, der Inhalt, den Sie mitgenommen haben, das, was Sie geprägt hat (zum Beispiel: Ich habe mich stolz gefühlt, weil ich eine schwierige Prüfung bestanden habe, oder: Ich meisterte die Trennung meiner Eltern, obwohl es mir sehr schwer fiel, oder: Ich baute ein Haus, oder: Meinen Kindern geht es gut). Zu diesen Aussagen können Sie ein kleines Symbol malen, das die Quintessenz dieser Erfahrung noch unterstreicht.

Schritt 3: Nun widmen Sie sich auch der anderen Waagschale und sammeln alle Erlebnisse zusammen, mit denen Sie in Ihrem Leben noch nicht im Reinen sind und die Sie in Ihrem Selbstwertgefühl deutlich schwächen. Auch hier achten Sie auf die prägende Wirkung des Geschehens.

Schritt 4: Sobald Sie mit dieser Sammlung fertig sind, treten Sie einen Schritt zurück und lassen das gesamte Schaubild auf sich wirken.
Bringen Sie Transparenz in die Macht Ihrer Prägungen: Welche Gedanken tauchen auf, wenn Sie auf beide Felder schauen? Welche Gefühle steigen auf, welche Körperwahrnehmungen haben Sie? Was spricht die Seele?
In den meisten Fällen entdecken der Führende und seine Teammitglieder eine Vielzahl von Fähigkeiten und glücklichen Momenten, die sie sich selbst nie so vor Augen geführt haben. Auch seine Schwächen kann der Führende oder Mitarbeiter mit mehr Abstand betrachten und im Gesamtbild relativieren. Sein Selbstvertrauen steigt in diesem Moment sichtlich – Körperhaltung, Ausdruck und Mimik verändern sich.
Aus diesem neu entdeckten Selbstwert lässt sich individuell oder gemeinsam eine Strategie ableiten, um mit Problemen, Einschränkungen und Überlastungen souverän umzugehen. Aus dem Erleben von Kraft und Stärke baut sich eine innere Ressource auf, die auch in schwierigen Situationen anzapfbar ist.

Tipps für Führungskräfte
Hat ein Mitarbeiter, ob jung oder alt, seinen Selbstwert mithilfe der Übung für einen Moment erkannt, ist es wunderbar, wenn Sie ihm helfen, diese Erfahrung dauerhaft zu verankern.
Ein Mensch, der in sich selbst ruht, kann alle seine erworbenen Fähigkeiten, ob auf mentaler, emotionaler oder physischer Ebene, viel erfolgreicher anwenden. Selbstvertrauen ist der Dreh- und Angelpunkt für Selbstwirksamkeit.

Aktives Gestalten der arbeitsbezogenen Einflussfaktoren

Sobald der Führende oder das Team in sich selbst Klarheit gefunden und Kraft geschöpft haben, bitte ich sie, sich mit aller Konsequenz auf ihren eigenen Handlungsspielraum und ihre Möglichkeiten zur Veränderung zu konzentrieren. Dies geschieht in zwei aufeinander aufbauenden Schritten: zum einen mithilfe der Übung »Ich gehe in die Verantwortung«, zum anderen mit »Wir gehen in die Verantwortung«.

Übung: Ich gehe in die Verantwortung

Einführung

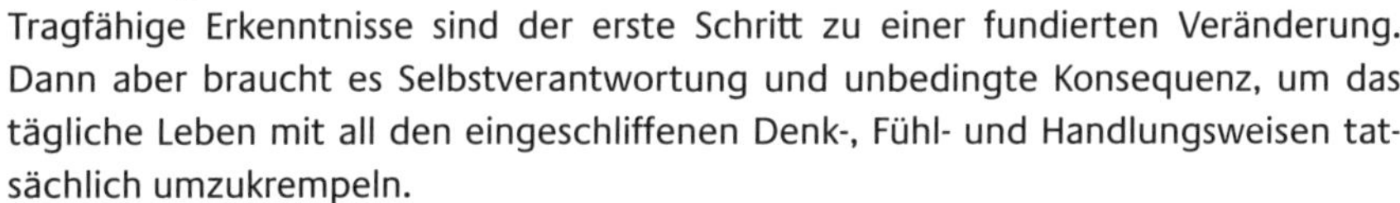

Tragfähige Erkenntnisse sind der erste Schritt zu einer fundierten Veränderung. Dann aber braucht es Selbstverantwortung und unbedingte Konsequenz, um das tägliche Leben mit all den eingeschliffenen Denk-, Fühl- und Handlungsweisen tatsächlich umzukrempeln.

Der Vorteil an einem Gruppenprozess ist, dass die Weiterentwicklung nicht nur von einer Person angestrebt, sondern im besten Fall vom ganzen Team mitgetragen wird. Gemeinsame Entscheidungen schaffen Verbindlichkeit, da sich das Verhalten des Einzelnen mit dem der anderen verknüpft. Zu einem gewissen Anteil hängt seine Fortentwicklung an dem Voranschreiten der anderen – und umgekehrt. Alle sitzen im selben Boot und können sich zu Konsequenz und Beharrlichkeit gegenseitig animieren … oder den gemeinsamen Schlendrian fördern.

Mit dieser und der nächsten Übung wird die Klarheit und Verbindlichkeit der Einzelperson und der ganzen Gruppe herausgefiltert und dokumentiert.

Ziel

Angestrebte Verbesserungen werden klar definiert. Jeder Einzelne geht aktiv in die Eigenverantwortung und bezeichnet verbesserungswürdige Themen in seinem Handlungsspielraum. Gleichzeitig bittet er um Unterstützung von seinen Kollegen, Vorgesetzten und gegebenenfalls der Geschäftsführung. Innerhalb einer Gruppe forciert diese Übung die Klärung und das gegenseitige Verständnis.

Material

Pinnwände, Flipcharts, Stifte.

Möglichkeiten zur Kleingruppenarbeit

Jedes Teammitglied führt Schritt 1 alleine durch, danach werden die Ergebnisse der gesamten Gruppe vorgetragen und bearbeitet.

Übungsablauf

Schritt 1: Jedes Teammitglied geht an einem eigenen Flipchart folgenden Fragen nach: Was möchte ich in meinem Arbeitsalltag verbessern? Welche Themen knöpfe ich mir gezielt und verbindlich vor? Wie kann ich meine eigene Resilienz erhöhen? Welche Unterstützung brauche ich dabei von

- meinen Kollegen?
- meiner Führungskraft?
- der Geschäftsführung?

Schritt 2: Alle Flipcharts werden an den Pinnwänden im Raum aufgehängt. Die Teilnehmer gehen rundherum und lesen gegenseitig ihre Blätter.

Schritt 3: Die Teilnehmer treten nacheinander vor die Gruppe und berichten von ihrer Selbsteinschätzung, ihren Zielen, Anliegen und Wünschen. Die Gruppe liefert offenes Feedback. Die Punkte, in denen der Teilnehmer um Unterstützung bittet, werden mit den angesprochenen Personen erörtert.

Schritt 4: Maßnahmen werden verbindlich notiert und mit einem Zeit-, Kontroll- und Kommunikationsplan versehen.
Sind für die Einzelperson alle Vorgehensweisen geklärt, kann die Übung in gleicher Art für das ganze Team realisiert werden.

Tipps für Führungskräfte

Hören Sie jedem Mitarbeiter ganz genau zu. Kommen Sie ihm entgegen, zollen Sie ihm Respekt und Achtung für seine Entschiedenheit, Verantwortung zu übernehmen. Stärken Sie ihn in dieser Erfahrung und achten Sie darauf, dass er darin Erfolgserlebnisse sammelt. Machen Sie Ihre Mitarbeiter zu Selbstentscheidern – damit schaffen Sie für alle Beteiligten große Freiräume.

Übung: Wir gehen in die Verantwortung

Einführung

Mit diesem Übungsformat kann sich die Mannschaft nochmals enger zusammenschließen. Alle internen Fragen, Probleme, Verantwortlichkeiten, Zuständigkeiten, Belastungen sowie Ressourcen, Ziele und Visionen können dabei berücksichtigt werden.

Ziel

Überprüfung der gemeinsamen Resilienz und Ideensammlung für Weiterentwicklung.

Material
Flipchart, Stifte.

Möglichkeiten zur Kleingruppenarbeit
Die Teilnehmer setzen sich in Kleingruppen zusammen und treffen sich anschließend zum Austausch in der großen Runde.

Übungsablauf
Schritt 1: Die Kleingruppen verfolgen am Flipchart folgende Fragen:
Wie wirken wir

- auf unseren Kunden?
- auf die Kollegen anderer Abteilungen, mit denen wir eng zusammenarbeiten?
- auf unsere Führungskraft?
- auf unsere Geschäftsführung?
- In welcher Form vermitteln wir Resilienz?

Schritt 2: Was können und wollen wir tun, um unsere Außenwirkung anzuheben?

Schritt 3: Wie können wir unsere Team-Resilienz nach innen hin verbessern?

Schritt 4: Wie können wir andere in ihrer Resilienz unterstützen?

Schritt 5: Sobald das Team durch Analyse und klärende Gespräche genau herauskristallisiert hat, welche Verhaltensweisen es verändern beziehungsweise neu einführen möchte, wird ein verbindlicher Maßnahmenkatalog formuliert.

Tipps für Führungskräfte
Wecken Sie den Stolz Ihres Teams, nicht nur nach innen, sondern auch nach außen souverän und stark aufzutreten. Ein in sich »erwachtes« Team kann innerhalb einer Organisation viel Gutes auslösen und vorbildhaft wirken. Resilienz wird oft als Strahlkraft wahrgenommen. Bestärken Sie Ihr Team darin, Leuchtturm zu werden.

Vertrauen in die eigene Kraft – Vertrauen ins Leben

Weiterentwicklung und Lernbereitschaft – allein diese zwei Wörter tragen jede Menge Zündstoff in sich. Wir alle kennen aus eigener Erfahrung, wie mühsam es ist, der liebgewonnenen Komfortzone zu entsagen und neue Wege einzuschlagen. Selbst wenn im alten Lebensgefüge vieles nicht stimmt und einiges uns schon lange nervt, braucht es oftmals einen Anstoß von außen, damit wir endlich über unseren Schatten springen. Je intensiver und stärker der innere und äußere Druck sind, umso eher bewegen wir uns. Wir überwinden dann unsere Ängste und probieren neue, ungewohnte Lösungsansätze.

Resiliente Menschen verstehen es, sich gerade durch Widrigkeiten und Rückschläge dazu inspirieren zu lassen, zu mehr Standfestigkeit heranzureifen. Unter schwierigsten Bedingungen entwickeln sie Format und innere Haltung. Sie schaffen es, in scheinbar hoffnungslosen Situationen einen Ausweg zu finden. Diese Menschen sind lebenstüchtig und innovativ. Sie schauen weder auf Vorgesetzte, Institutionen noch auf Obrigkeiten mit der Anspruchshaltung »Meine Probleme werden von anderen gelöst!« Nein, sie packen Schwierigkeiten selbst an und schaffen es immer wieder, gewohnte Pfade des Denkens, Fühlens und Handelns zu verlassen.

Ihr eigenes Bewusstsein, ihr Reflexionsvermögen und ihre Adaptionsfähigkeit sind ihnen genügend Nährboden, um sich immer wieder neue Ressourcen zu erschließen. Ihre guten Einfälle und ihre Intuition schaffen ihnen die Möglichkeit, erfolgreich und glücklich zu werden.

Resilienz ruft dazu auf, in Bewegung zu bleiben, mit Veränderungen mitzugehen, Vertrauen in den Lebensfluss und in die Schöpferkraft zu entwickeln, mit sich selbst in Verbindung zu stehen und mit anderen Menschen Netzwerke zu bilden – kurz: die Chancen des Lebens zu erkennen und bloß nicht den Kopf in den Sand zu stecken. All diese Eigenschaften zielen in Richtung Lebensweisheit und finden sich in den Religionen und Philosophieschulen unserer Weltgeschichte wieder. So bietet die heutige Zeit uns allen eine gewaltige Chance, um in eine neue, höhere Qualität unseres Menschseins zu springen. Für diese innere Haltung lohnt es sich, zu kämpfen und sie sich Schritt für Schritt anzueignen.

SCHRITT 8:
Schärfen Sie Ihre Intuition und Entscheidungskompetenz

»Führung braucht Reife. Sie reift in fast allen Kulturen unserer Erde erst im Alter von etwa 40 Jahren zu wahrer Meisterschaft heran. Im besonderen Maße gelte das für die sozialen Techniken der Steuerung größerer Gruppen. [...] Ältere sind souveräner bei Komplexität. Sie behalten den Überblick.«

Reinhard K. Sprenger (2008, S. 77)

Entwickeln Sie Spürsinn für mögliche Lösungswege

Nach vorne schauen

Was für ein Typ sind Sie? Beschäftigen Sie sich hauptsächlich mit dem jetzigen Augenblick und den Aufgabenstellungen der nächsten Tage und Wochen? Oder hängen Sie gedanklich noch oft in der Vergangenheit und spielen Sie die Auswirkungen der letzten positiven oder negativen Erlebnisse im Geiste durch? Vielleicht bewegen Sie sich ja fließend zwischen der Gegenwart, dem Vergangenen und dem Zukünftigen? Oder liegt Ihr Augenmerk ganz besonders auf dem Blick nach vorne, der Antizipation möglicher Chancen und Herausforderungen? Diese Fähigkeit, sich mit möglichen Entwicklungen auseinanderzusetzen und dadurch für das Morgen vorzubereiten, ist ein wesentlicher Anteil von Widerstandskraft.

Betrachten wir zu diesem Aspekt nochmals die Aussagen von Resilienzforschern. Die US-amerikanischen Wissenschaftler Karen Reivich und Andrew Shatté postulierten zum Beispiel 2003 in ihrem Buch »The Resilience Factor« sieben Faktoren zur besseren Bewältigung von Veränderungen. Diese sieben Eigenschaften benannten sie als tragfähige »Säulen«, um Krankheiten, Verluste, Überbelastungen und Probleme im Privat- oder Berufsleben eher meistern zu können. Drei dieser Faktoren beschäftigen sich ausdrücklich mit einer nach vorne gerichteten, positiven Lebenshaltung:

- Zukunftsplanung,
- Optimismus und
- Lösungsorientierung.

Dazu benennen sie vier weitere Aspekte:

- Akzeptanz,
- Opferrolle verlassen,
- Verantwortung übernehmen und
- Netzwerkorientierung.

Diese internen und externen Ressourcen definierten sie als die Beine, auf denen der Mensch sicher durch Krisen wandern kann. Je mehr solcher Beine eine Person ausgeprägt hat, umso fester steht sie da und gerät nicht ins Wanken. Überprüfen wir ihre Aussagen in der Praxis anhand eines Beispiels aus dem Sport.

Resilienz als Sicherungsseil

In den letzten Jahren hatte ich oft mit einem beeindruckenden Sportler zu tun, der diese Faktoren für mich in besonderer Weise lebt und interpretiert. Hier ein Interview mit Stefan Glowacz, das ich im Februar 2012 aufgezeichnet habe. Er ist Extremkletterer, Expeditionsleiter und Unternehmer gleichzeitig.

Wellensiek: »Lieber Herr Glowacz, seit Jahrzehnten überraschen Sie mit spektakulären Erstbesteigungen und abenteuerlichen Expeditionen in die entlegensten Regionen der Erde. Sie sind erwiesenermaßen ein Spezialist für Widerstandskraft, Belastungsfähigkeit und Flexibilität. Wie schaffen Sie es, schon so viele Jahre lang immer wieder physische und psychische Höchstleistungen abzurufen?«

Glowacz: »Ich bin fest davon überzeugt, dass die Freude, Begeisterung und vor allem die Leidenschaft für unser Tun die einzigen wahrhaften Fundamente sind, auf denen jegliches Handeln basiert. Dies gilt nicht nur für eine alpine Expedition in den Grenzbereichen der mentalen und körperlichen Leistungsfähigkeit, sondern auch für den Leistungsträgerbereich in der Wirtschaft. Der Motor für die Motivation ist die Leidenschaft und Überzeugung. Nach 35 Jahren Kletterkarriere und über zwölf Jahren als Unternehmer [Gründer der Firma ›Red Chili‹] bin ich mehr denn je davon überzeugt. Solange dieses Feuer der Leidenschaft in mir brennt, werde ich motiviert sein und immer wieder zu neuen Unternehmungen aufbrechen.«

W.: »Wie bereiten Sie sich auf unvorhergesehene, komplexe Situationen vor?«
G.: »Nachdem wir jeden Bereich und jede Etappe einer Expedition wie ein

kleines Unternehmen für sich durchgeplant haben, führen wir uns jeden Schritt des Unternehmens klar vor Augen.
Dabei setzen wir die im Sport bewährte Methode der Visualisierung ein. So wie ein Bobfahrer im Geist die Ideallinie in der Eisröhre sucht oder ein Slalomfahrer seinen Kurs durch die Stangen, so spielen wir jeden einzelnen Abschnitt der Expedition vor unserem geistigen Auge ab.
Dies ist eine wichtige Technik, weil man dadurch immer wieder auf neue Gefahrenmomente stößt. Wir treffen so auf Situationen, an die wir im Zuge unserer analytischen Planung überhaupt nicht gedacht haben und können daraufhin die geeigneten Maßnahmen sowie verschiedene Szenarien entwickeln für Lösungsmöglichkeiten von Fragen, die wir erst vor Ort beantworten können.
Darüber hinaus kann sich jeder Einzelne auf die zu erwartenden Entbehrungen und Strapazen wenigstens schon einmal geistig einstellen. Auf einer Expedition in Patagonien erlitt ich unglaubliche Schmerzen durch Blasen an meinen Füßen. Hätte ich diese Situation vorher nicht schon einmal vor meinem inneren Auge durchgespielt, wäre ich ganz sicher eingebrochen. Durch die geistige Vorbereitung hatte ich aber einen starken Willen ausgebildet, der mich durchhalten ließ. Durch diese Technik versuchen wir, stets in der Position des Agierens zu bleiben und so selten wie möglich in Situationen zu geraten, in denen wir nur noch reagieren können.«

W.: »Wie motivieren Sie Ihr Team, mit großen Belastungen und ständigen Veränderungen umzugehen?«

G.: »Alleine kann ich die immensen Aufgaben, die sich bei einer Expedition stellen, unmöglich bewältigen. Ich benötige ein Team, das meine Fähigkeitslücken ausgleicht.
Zusammen mit der fachlichen Qualifikation jedes einzelnen Expeditionsmitglieds ist die Teamfähigkeit entscheidend für den Erfolg der Unternehmung. Eine Bergsteigerexpedition mit schwieriger Zielsetzung ist eine Ansammlung von Hochleistungsindividualisten, die alle bereit sind, ihre persönlichen Zielsetzungen dem gemeinsamen Ziel unterzuordnen. Ich erwarte von jedem Expeditionsmitglied dieselbe Leidenschaft für dieses Ziel, wie ich selbst sie mitbringe. Wer diese Leidenschaft nicht besitzt, ist für die Unternehmung ungeeignet.

Ein harmonisch funktionierendes, hoch qualifiziertes Team, in dem jedes Mitglied die Stärken und Schwächen der anderen kennt, ist die beste Voraussetzung für den Erfolg.
Jeder weiß, dass er sich auf den anderen verlassen, Fehler und Ängste zugeben kann. Und jeder ist bereit, auch Wasserträgerdienste zu übernehmen. Sepp Herberger, die deutsche Fußballnationaltrainerlegende, prägte einmal den geflügelten Satz: ›Es spielen nicht die elf besten Spieler, sondern es spielen die elf, die am besten zusammenspielen.‹«

W.: »Welche Parallelen sehen Sie zwischen Ihrem Extremsport und der heutigen Wirtschaftswelt?«

G.: »Vielleicht die wichtigste Parallele ist die, dass sowohl der Extremkletterer als auch ein Manager nicht nur ein kühl kalkulierender Realist sein muss, sondern zuallererst ein Visionär. In einem Artikel im Handelsblatt stand kürzlich: ›Die Experten sind sich einig, die Zeit der Visionäre unter den CEOs ist vorbei.‹ Dieser Meinung kann ich mich nicht anschließen. Ohne die aus einem Traum gewachsene Zielsetzung einer Expedition würden niemals neue und schwierigere Gipfel bestiegen werden. Und ohne eine Vision wäre in der Wirtschaft keine Innovation möglich und damit auch kein Vorteil gegenüber den meist auch nicht untüchtigen Mitbewerbern. Dies ist nur eine Parallele, aber in meinen Augen eine der wichtigsten.«

Alle Sinneskanäle benutzen

Diese starke, mentale Haltung und die ungeheure Konzentrationsfähigkeit, sich auf zukünftige, nicht einschätzbare Ereignisse systematisch vorzubereiten, fasziniert mich sehr. In vielen Erzählungen habe ich von Stefan Glowacz erfahren, dass seine geistige Vorarbeit ihm im Ernstfall die nötige Klarheit und Disziplin geschenkt hat, um die richtige Entscheidung zu finden. Gegen irreale Ängste und unrealistische Einschätzungen hatte er sich im Vorfeld mental »geimpft«, das heißt, er hat sich mit der Situation so weit beschäftigt, dass sie ihn nicht unvorbereitet trifft, sondern er in seinem Inneren schon Lösungswege vorbereitet hat, die er dann – situationsabhängig – bewusst reflektiert oder auch intuitiv abrufen kann. Im Wirtschaftsleben mögen sich die Herausforderungen nicht ganz so dramatisch abspielen wie in einer unberührten, einsamen Wildnis, dennoch lassen sich von dieser Erfahrungswelt interessante Parallelen ableiten. Es macht Sinn, sich im Vorfeld mit den unterschiedlichen Entwicklungsmöglichkeiten der eigenen Organisation und denen des Kunden, den Einflussgrößen des Marktes und der Wettbewerber und so weiter zu beschäftigen, um sich auf zukünftige Gegebenheiten optimal vorzubereiten. Viel zu viele Entscheidungen werden heute unter hohem Druck gefällt; es fehlt an Vorbereitung, an Weitblick, an Spürsinn und reiflichem Durchdenken möglicher Konsequenzen.

Wie Sie sicher schon ahnen, trainieren wir die Fähigkeit zur umsichtigen Entscheidungsfindung im Kontext der H.B.T.-Methode nicht nur kognitiv, sondern beziehen auch alle anderen Wahrnehmungsebenen gleichwertig mit ein. Wir Menschen sind mit einem hochsensiblen Instrumentarium ausgestattet, um feinste Schwingungen und Stimmungen in uns selbst, in anderen Personen und in unserer Umgebung aufzunehmen. Diese Informationskanäle, die wir neben unserem rationalen Alltagsbewusstsein besitzen, sind im nächsten Kompass abgebildet. Die Quadrantenstruktur von Körper, Gefühl, Verstand und Seele wird dabei in ihren Inhalten verfeinert.

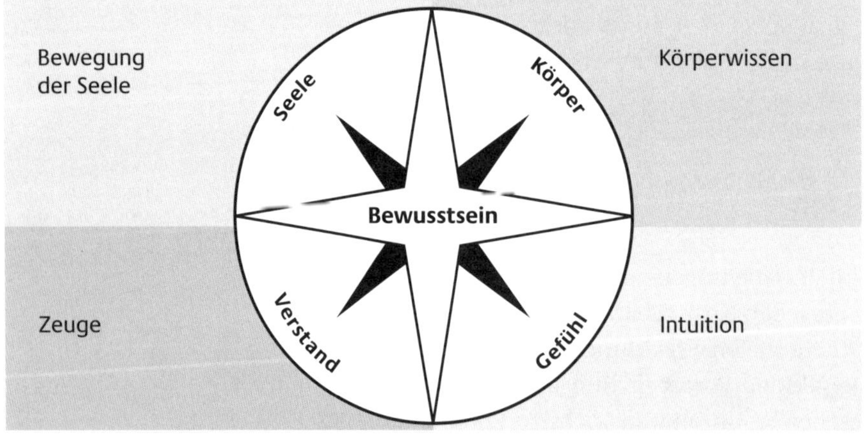

Zunächst einige erklärende Worte zu den einzelnen Feldern: Im normalen Alltagsbewusstsein sendet der Körper Botschaften darüber, ob ihm warm und kalt ist, ob er sich hungrig, durstig, satt, unruhig, entspannt oder gestresst fühlt. Nehmen Sie Ihren Körper auf einer verfeinerten Ebene wahr, entdecken Sie, dass er eine Schatztruhe voller authentischer, nicht zu manipulierenden Wahrnehmungen ist. Er drückt in jeder Situation eine tiefere Wahrheit aus – der Volksmund hat dazu viele Sprichwörter gefunden. Der Körper signalisiert, ob er sich in der jeweiligen Situation mit dem jeweiligen Gegenüber wohlfühlt oder ob es ihm »die Nackenhaare aufstellt«. Dem Körper »dreht es den Magen um« oder ihm »verschlägt es die Sprache«. Erinnern Sie sich daran, all diesen direkten, unverfälschten Regungen Beachtung zu schenken – sie sind oftmals hilfreiche Botschaften, um eine Situation richtig einzuschätzen.

Auch die Intuition kann ein wichtiger Ratgeber sein. Sie ist ein Spürsinn, der leiseste Ahnungen und Anmutungen auffängt und in unser Bewusstsein transportiert. Dabei scheint sie mit einem weiten Feld des Wissens um Zusammenhänge verknüpft zu sein. Fragt man erfolgreiche Menschen, gleich auf welchem Gebiet, auf welche Weise sie ihre wichtigsten Entscheidungen getroffen haben, fällt die Antwort einhellig aus: intuitiv, aus dem Bauch heraus. Sie können es sich nicht erklären, woher die Eingebung kam, aber sie wussten einfach, welche Entscheidung die richtige war. Sie vertrauten sich selbst, handelten aus ihrer ureigenen Kraft heraus – und erfuhren positive Verstärkung.

Neben diesem feinfühligen Spürsinn tragen Sie auch den Zeugen in sich, diesen wundervollen Ratgeber, der neutral und nüchtern, aus einer übergeordneten Perspektive, Zusammenhänge betrachten und sortieren kann. Der Zeuge bewahrt im größten Trubel eine unerschütterliche Klarheit und Gleichmut. Er ist ein fester Anker, sobald die Emotionen hochschwappen, und ist somit eine wesentliche Instanz, um kluge, tragfähige Entscheidungen zu treffen.

Auch die Seele sendet authentisch ihre Nachrichten. Sie ist der Sensor für Stimmigkeit, für Fairness, für Gerechtigkeit, für Sinnhaftigkeit und Werte. Die Seele ist zutiefst ehrlich. Ihr kann man nichts vormachen. Sie ist mit nichts manipulieren. Gott sei Dank! So erzieht sie zu großer Genauigkeit und Ehrlichkeit. Wie immer steht das offene Gewahrsein als leerer, reflektierender Bewusstseinsraum in der Mitte des geistigen Kaleidoskops. All diese Ebenen können mitten im Alltag genutzt werden, um aus verschiedenen Handlungsoptionen einen stimmigen Weg herauszufiltern. Dieses vielfältige, feingestimmte Sensorium birgt große Kostbarkeiten, die in der nächsten Übung systematisch vorgestellt und vertieft werden. Der Übungsaufbau eignet sich ganz besonders, um vielschichtige Zukunftsszenarien zu diskutieren und verschiedene Entscheidungswege durchzuspielen.

Übung: Das Kaleidoskop

Einführung

Entscheidungen zu treffen wird Führenden nicht immer leicht gemacht. Gerade in der heutigen, komplexen Welt hängen die Umstände oft mit vielfältigen Nebenschauplätzen zusammen. Einmal eingeschlagene Wege bergen mannigfache Konsequenzen in sich, die sich erst nach mehreren Schritten offenbaren. Was dann? Umkehren oder den Kurs halten?

Wirken Entscheidungen schon gefährlich, wird es erst recht dann brandheiß, wenn Situationen ohne Entscheidung in der Schwebe gehalten werden. Aussitzen kann die Potenzierung von Problemen bedeuten. Auf der anderen Seite lösen sich manche Konflikte in Luft auf, sobald man ihnen durch Stillhalten die Energie entzieht. Die folgende Technik hilft, Entscheidungsprozesse unter Einbeziehung verschiedener Blickpunkte systematisch aufzubauen.

Ziel

Sie lernen, feinsinnige Bewusstseinszustände praxisnah in den Alltag einfließen zu lassen. Sie üben sich darin, unterschiedliche Dimensionen auseinanderzuhalten und deren Inhalte gewinnbringend abzuwägen.

Material

Seile, Kreppbänder, Papier, Stifte, Flipchart.

Möglichkeit zur Kleingruppenarbeit

Die Übung kann alleine oder mit der Unterstützung eines Kollegen durchlaufen werden. Danach kommt es zum Austausch in der großen Runde.

Übungsaufbau

Bauen Sie auf dem Boden mithilfe von Seilen und Kreppbändern den angesprochenen Human-Balance-Kompass nach. Bezeichnen Sie die einzelnen Felder im ersten Durchgang mit Körper, Gefühl, Verstand und Seele. Im zweiten Durchgang wechseln Sie die Kennzeichnung zu Körperwissen, Intuition, Zeuge und Bewegung der Seele. Die Kompassnadel bleibt in beiden Fällen das reflektierende Bewusstsein, das Sie als offenes Gewahrsein pauschalisieren können.

Übungsablauf

Überlegen Sie sich die genaue Fragestellung einer anstehenden, für Sie wichtigen Entscheidung, mit der Sie die Übung exemplarisch durchführen möchten. Schreiben Sie die Frage auf ein Flipchart und darunter mögliche Lösungsoptionen. Beschränken

Sie sich in diesem Fall auf drei bis vier Optionen. Stellen Sie das Flipchart gut sichtbar neben den Übungsaufbau des Kompasses.

Durchgang 1: Betreten Sie nun nacheinander die einzelnen Kompassfelder und spüren mit Haut und Haar in Ihren ganzen Organismus hinein. Die Reihenfolge der Felder können Sie sich selbst aussuchen. Für viele ist es aber hilfreich, auf der Verstandesebene zu beginnen, da sie ihnen am meisten vertraut ist. Zwischen dem Betreten der einzelnen Bereiche positionieren Sie sich immer wieder auf der Kompassnadel »Offenes Gewahrsein« und halten einen Augenblick inne.
Stellen Sie sich bei Ihrer Wanderung durch die einzelnen Bereiche folgende Fragen:

- Zum Feld »Verstand«: Was sagt Ihr Verstand zur ersten Lösungsoption? Tragen Sie alle Zahlen, Daten und Fakten zusammen, die für oder gegen diese Entscheidung sprechen.
- Zum Feld »Gefühl«: Welche Emotionen steigen in Ihnen hoch, wenn Sie sich mit dem ersten Lösungsweg beschäftigen? Was spricht Ihr Herz?
- Zum Feld »Körper«: »Welche körperlichen Be- oder Entlastungen werden auf Ihren physischen Energiehaushalt zukommen, wenn Sie sich für die erste Möglichkeit entscheiden (Arbeitsdruck, Reisebelastungen, zeitliche Ressourcen etc.)?
- Zum Feld »Seele«: Inwieweit entspricht diese Option Ihren Werten und der definierten Unternehmenskultur?

Die Antworten können Sie selbst auf einem Schreibbrett notieren oder Ihr Kollege protokolliert Ihre Aussagen mit.
Nach Option eins werden alle weiteren Entscheidungsmöglichkeiten nach dem gleichen Muster durchgespielt.
Nachdem alle Lösungswege untersucht sind, legen Sie Ihre Notizen sortiert auf den Boden, um sich mit Abstand ein Bild des Ganzen machen zu können. Lassen Sie die versammelten Blickpunkte auf sich wirken, und arbeiten Sie aus dieser Gesamtschau vielleicht schon eine erste Priorität heraus.

Durchgang 2: Nun begeben Sie sich auf eine weitere Erforschungsrunde. Diesmal stellen Sie sich folgende Fragen:

- Zum Feld »Zeuge«: Welche Gesichtspunkte fügt der Zeuge hinzu, wenn er sich mit der ersten Option beschäftigt? Welche weitreichenden Zusammenhänge und möglichen Konsequenzen können Sie aus dieser Perspektive wahrnehmen?
- Zum Feld »Intuition«: Was sagen Ihr Bauch, Ihre Nase zu der ersten Entscheidungsmöglichkeit? Notieren Sie bitte den allerersten Impuls.
- Zum Feld »Körperwissen«: Stellen Sie sich vor, Sie haben sich für diesen Lösungsweg entschieden und verkünden ihn Ihrer ganzen Mannschaft. Wie fühlt sich dabei Ihr Körper an? Nehmen Sie ihn als unbelastet wahr, frei, energievoll, gelassen – oder eher verkrampft, unter Druck, angehalten, mit flachem Atem?

- Zum Feld »Bewegung der Seele«: Und was sagt Ihr innerster Wesenskern zu dieser Entscheidung? Fühlt er sich stolz, engagiert, identifiziert, voller Ideen und sprühender Leidenschaft – oder ist es für ihn eher ein fauler Kompromiss, dem die Seele mit hängendem Kopf hinterhertrottet? In welche Richtung zieht es die Seele aus tiefster Ehrlichkeit?

Auch in diesem Durchgang durchlaufen Sie sämtliche Möglichkeiten und fassen danach alle Ihre Eindrücke zusammen. Betrachten Sie das Ganze mit Abstand, und treffen Sie dann eine finale Entscheidung. Wohin soll die Reise gehen?

Tipps für Führungskräfte

Nutzen Sie diese ungewöhnliche Übung für sich selbst, oder um im Mitarbeiter- beziehungsweise Kollegenkreis eher unübliche Blickpunkte einzunehmen und in Entscheidungsprozesse miteinzubeziehen. Ist die Erfahrung von Körperwissen, Intuition, Zeugenperspektive und Bewegung der Seele einmal in Ruhe durchlaufen und von der Terminologie her verankert worden, können im bewegten Arbeitsalltag Aspekte davon schnell abgerufen werden. Manche verstandeslastig geführte Diskussion wird durch diese unkonventionellen Blickpunkte bereichert werden – es kommt ein frischer Wind in die Entscheidungsfindung.

In vielen Entscheidungsfällen gibt es keine hundertprozentige, eindeutige Antwort. Dennoch wird sich nach dieser umfassenden Überprüfung ein Gesamtbild herauskristallisieren, das die Vor- und Nachteile auf verschiedenen Ebenen sichtbar macht. Und noch ein weiterer Effekt bleibt nicht zu unterschätzen: Hat eine Führungskraft den Eindruck gewonnen, sich mit einer Sache gründlich beschäftigt zu haben, fällt es ihr leichter, sich hinter ihre getroffene Entscheidung zu stellen und sie mit aller Kraft und Konsequenz zu verfolgen. Sie vertraut sich selbst – und mit dieser grundlegenden Stärke kann sie selbst falsche Entscheidungen zu richtigen Lösungen hinentwickeln. Kurskorrekturen können immer wieder hilfreich sein, wenn sie aus einem größeren Überblick und nicht aus nervöser Unsicherheit heraus entstehen. Mithilfe der gewonnenen Weitsicht können Ziele auch langfristig verfolgt und ihre Erreichung schrittweise konstituiert werden.

Fühlen statt Denken

In vielen meiner Trainings habe ich es mit fachlich gut ausgebildeten, analytisch hochreflektierten Personen zu tun. Emotionen wahrzunehmen und auszudrücken trauen sich viele allerdings nicht zu. So achte ich beim Einstieg in die Seminare immer auf die richtige Dosierung. Schrittweise stelle ich Aufgaben, in denen die bewusste Wahrnehmung von Gefühlen, Körperphänomenen und anderen feinen Empfindungen hinzugenommen wird.

Eine weittragende Entscheidung

Kürzlich ergab sich wieder eine spannende Situation im Rahmen eines Strategieworkshops für eine Gruppe von Managern, die sich in einem hochbrisanten Entscheidungsprozess befanden. Verschiedene Optionen standen zur Auswahl, in welche Richtung sie ihre Produktentwicklung und Expansion in den nächsten Monaten lenken wollten. Da das Unternehmen im Moment schwer zu kämpfen hatte, war ihnen klar, dass viel von dieser Entscheidung abhängen würde. Fänden sie die richtige Strategie, um das Wachstum ihrer Konkurrenten zu parieren? Hatte das Unternehmen das große Potenzial, nochmals richtig durchzustarten und sich neue Geschäftsfelder zu erschließen? Sie wussten: Würden sie sich für den falschen Weg entscheiden, hätte die Firma wenig Puffer, um die missliche Situation aufzufangen. Durch diese ernst zu nehmende Konstellation erklärten sie sich bereit, einen neuen Weg der Entscheidungsfindung auszuprobieren. Wir durchliefen gemeinsam ein Übungsformat, in dem das Managementboard die einzelnen Strategien mit allen Sinnen durchwandern konnte.

Übung: Zukunftsplanung

Einführung

In einem Entscheidungsprozess stehen mindestens zwei Optionen zur Auswahl, manchmal auch viele mehr. Stellen Sie sich vor, Sie (und Ihr Unternehmen) befinden sich auf einer (Entwicklungs-)Reise und Sie kommen zu einem Wegkreuz. Sie stehen in der Mitte der verschiedenen Möglichkeiten und müssen sich entscheiden, in welche Richtung Ihr Weg weitergehen soll. Jede der Optionen wird sich auf die weitere Geschäftsentwicklung in vielerlei Hinsicht auswirken. In der Untersuchung setzen Sie auf jedem der denkbaren Wege einige Schritte, im übertragenen Sinne versetzen Sie sich Monate beziehungsweise Jahre in die Zukunft, und studieren die möglichen Folgen und Auswirkungen Ihrer Entscheidung.

Ziel

Definition und Überprüfung verschiedener Entscheidungsmöglichkeiten. Herausarbeitung der Auswirkung auf sachliche und menschliche Unternehmensfaktoren unter Einbeziehung der Botschaften von Körper, Gefühl, Verstand und Seele.

Material
Schreibbrett, DIN-A4-Papier, Moderationskarten, Stifte, Seile (oder Klebeband).

Übungsablauf
Schritt 1: Diskutieren Sie gemeinsam sämtliche Optionen, die Ihnen im Moment zur Verfügung stehen. Notieren Sie diese Möglichkeiten jeweils auf ein DIN-A4-Blatt. Danach verteilen Sie sich in Zweiergruppen und begleiten sich gegenseitig in einem vertiefenden Prozess.

Schritt 2: Der Teilnehmer legt sein Schaubild aus: Ein Blatt für den Standort des Unternehmens, dann die Blätter der verschiedenen Optionen in einem Abstand von etwa drei bis fünf Metern. Den Standort und die möglichen Optionen verbindet er jeweils mit einem Seil, das den Weg dorthin symbolisiert. Die Seile dienen als Sinnbild für die nächsten ein bis drei Jahre (oder das nächste halbe Jahr – angepasst auf die jeweilige Situation).

Schritt 3: Er beschriftet drei Moderationskarten mit
- unternehmerische Ebene – Zahlen, Daten, Fakten
- soziale Ebene – Arbeitsatmosphäre, Führung, Kultur
- persönliche Ebene – Einsatz und Haltung jedes Einzelnen

und legt sie mit in das Schaubild, um diese drei Resilienzfaktoren in seiner Untersuchung fest im Auge zu behalten.

Zukunftsplanung

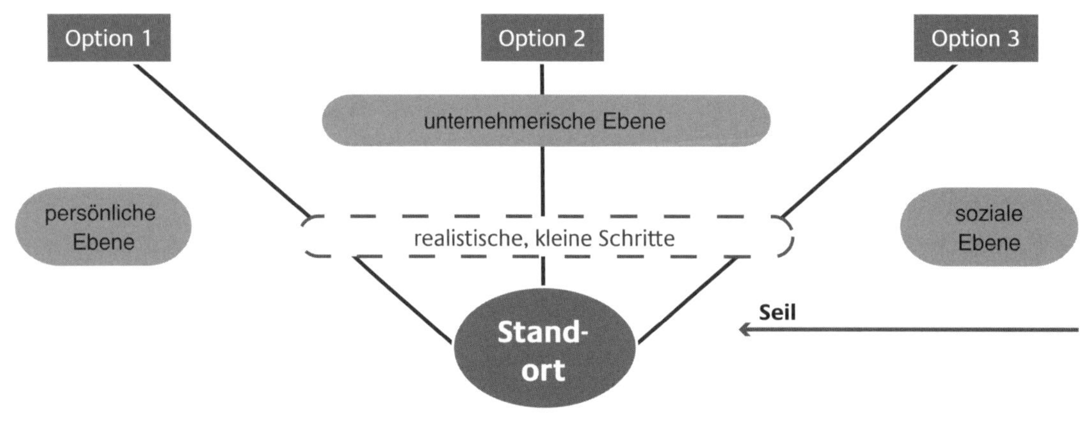

Schritt 4: Der Coachee stellt sich auf das Blatt Standort – als Sinnbild für die heutige Situation des Unternehmens. Aus dieser Position betrachtet er die verschiedenen Optionen und achtet darauf, welche der Möglichkeiten ihn am meisten anspricht. Nacheinander beschreitet er die verschiedenen Wege – das Laufen auf dem Seil symbolisiert dabei, dass er sich gedanklich eine Zeitspanne nach vorne versetzt. Nachdem er einen Weg untersucht hat, schreitet er zum Standort zurück und begibt sich auf den nächsten Weg.
Als Coach begleiten Sie Ihren Kollegen durch diesen Prozess und stellen vertiefende Fragen. Achten Sie zunächst auf Körpersprache, Mimik und Wortwahl. Fragen Sie sehr genau die Botschaften der Körperwahrnehmung, die Gefühle, die Gedanken und die authentische Bewegung der Seele ab. Diese Befragung können Sie noch erweitern mit der vorhergehenden Übung »Das Kaleidoskop«. Beziehen Sie das tiefe Körperwissen, die Intuition und die Zeugenkraft mit ein. Die Grundfragestellung lautet immer: Wie erlebt er diesen Entscheidungsweg? Welche Assoziationen steigen in ihm hoch? Was denkt er, was fühlt er … und so weiter. Der Coachee notiert sich all seine Eindrücke wertfrei auf einem Schreibbrett. Dieser erste Eindruck widmet sich also intensiv den verschiedenen Sinneseindrücken.

Schritt 5: Im nächsten Schritt reflektiert der Coachee ganz bewusst die drei Themenfelder, die vor ihm liegen. Was bedeutet die Entscheidung auf unternehmerischer Ebene? Welche Belastungen kommen auf die Organisation zu? Gibt es die finanziellen, personalen, technischen Ressourcen, um diese Strategie realistisch umzusetzen? Was muss dabei auf sozialer Ebene an Entwicklungsprozessen initiiert werden? Ist die Unternehmens- und Führungskultur reif genug, diesen strategischen Wechsel zu vollziehen? Welche innere Haltung sollte dabei jeder Mitarbeiter annehmen? Mit welchen Schwierigkeiten ist auf diesen drei Ebenen zu rechnen? Welche Probleme lassen sich davon leicht lösen, welche gar nicht?
Es geht um eine systematische Hinterfragung der jeweiligen Entscheidung mit allem Für und Wider.

Schritt 6: Nachdem der eine Kollege das Schaubild durchwandert hat, kommt nun der andere dran.

Schritt 7: Nach seinem Prozess führt die Kleingruppe all ihre Erkenntnisse zusammen. Danach trifft sich die gesamte Gruppe und tauscht sich im großen Kreis aus. Nun werden alle Blickpunkte zusammengetragen und miteinander abgewogen. Gemeinsam wird eine Bewertung der gesamten Situation getroffen.

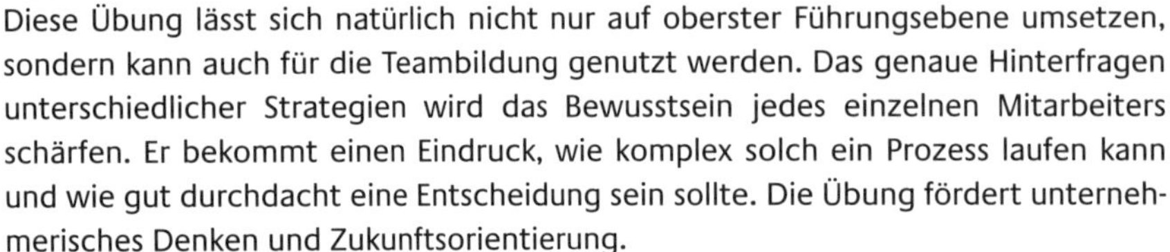

Tipps für Führungskräfte

Diese Übung lässt sich natürlich nicht nur auf oberster Führungsebene umsetzen, sondern kann auch für die Teambildung genutzt werden. Das genaue Hinterfragen unterschiedlicher Strategien wird das Bewusstsein jedes einzelnen Mitarbeiters schärfen. Er bekommt einen Eindruck, wie komplex solch ein Prozess laufen kann und wie gut durchdacht eine Entscheidung sein sollte. Die Übung fördert unternehmerisches Denken und Zukunftsorientierung.

Nun geht es weiter mit dem Beispiel:

»Ich habe Sie zunächst für verrückt gehalten!«

Nachdem ich die Übung anmoderiert und vorgemacht hatte, schauten mich die Teilnehmer erst ungläubig an. In ihren Augen las ich viele Fragezeichen: Sie sollten sich auf ein Blatt Papier stellen und dabei etwas fühlen und frei assoziieren? Trotz ihrer spürbaren Skepsis verteilten sie sich auf Kleingruppen und machten sich an die Arbeit. Nach anfänglichem Zögern kamen sie alle ordentlich in Fahrt. Wann immer ich sie in den einzelnen Räumen besuchte, erlebte ich sie in angeregten Gesprächen.

Auch der Austausch in der großen Runde gestaltete sich als recht kurzweilig. Einer von ihnen eilte gleich ans Flipchart und dokumentierte enthusiastisch all ihre Erkenntnisse. Dabei wandte er sich mir zu und sagte: »Als Sie diese Übung vorstellten, dachte ich für einen Moment, Sie wollten uns auf den Arm nehmen. Ich hielt Ihren Vorschlag spontan für verrückt, aber diese Einschätzung muss ich nun korrigieren. Kaum stand ich auf den verschiedenen Optionen, ging in mir regelrecht die Post ab. Auf dem einen Weg stellten sich mir die Haare auf und alles in mir sträubte sich. Bei der nächsten Möglichkeit durchströmte mich ungeheure Energie. Ich musste gleich meinen Pullover ausziehen, so heiß wurde es mir.«

Nicht jeder in der Gruppe konnte von so starken Phänomenen berichten, aber die meisten erzählten auch von höchst interessanten Impressionen, die ihnen zu einer angeregten Diskussion verhalfen. Durch die systematische Einbeziehung der drei Resilienzfaktoren »persönliche Haltung«, »soziale Ressourcen« und »arbeitsbezogene Ressourcen« konnten sie einen wohl durchdachten Projektplan erstellen, den sie umsichtig an ihre Belegschaft kommunizierten.

Haben Sie im Führungsteam eine Entscheidung getroffen, wohin sich das Unternehmen entwickeln soll, gilt es, diese neue Strategie gut zu kommunizieren. Eine Belegschaft positiv auf einen neuen Veränderungsprozess einzustimmen, ist oftmals nicht einfach. Das nächste Kapitel widmet sich dieser Aufgabenstellung.

SCHRITT 9:

Gestalten Sie Veränderungen aktiv und mit Überblick

»Wie es aussieht, driften Anforderungsintensität und Bewältigungsfähigkeit zunehmend auseinander. Doch wer im Sinne seiner Gesundheit darauf setzt, dass sich diese Druckverhältnisse wieder normalisieren, tut sich keinen Gefallen. [...] Also kommt es darauf an, psychophysische Stabilität, innere Widerstandsfähigkeit [...] bis auf weiteres weniger aus der Veränderung der Umstände heraus zu erwarten als aus der des Umgangs – mit sich selbst.«

Hartmut Volk (2011)

Fördern Sie Kreativität, Verantwortung und Selbstreflexion

Freude an Veränderung gehört heute dazu

Egal, mit welcher Branche oder mit welcher Unternehmensgröße ich es zu tun habe: Die meisten Mitarbeiter sind mit kontinuierlichen Veränderungsprozessen konfrontiert, die ihnen nicht immer zum Vorteil gereichen. Nüchtern betrachtet lässt sich feststellen, dass die meisten Mitarbeiter und Führenden mehr arbeiten müssen, um ihren bereits errungenen Lebensstandard erhalten zu können. Um an bisherige Erfolge anzuknüpfen, müssen ständig weitere Aufgaben von immer weniger Arbeitnehmern bewältigt werden. Wobei die Arbeitsverdichtung oft noch das kleinere Problem ist. Weitaus belastender wirkt es, wenn sich der Arbeitsplatz dauernd verändert, große Flexibilität verlangt wird oder die tägliche Arbeit gar mit der Angst verknüpft ist, sie zu verlieren. Umstrukturierungen, Auflösungen beziehungsweise Zusammenführungen von Teilbereichen oder ganze Firmenfusionierungen fordern von allen Beteiligten eine proaktive Veränderungsbereitschaft. Theoretisch ist diese positive Grundeinstellung leicht zu beschreiben. Sie in die Praxis umzusetzen, ist vielfach mit Komplikationen verbunden.

Wie lässt sich eine schwierige Fusion verdauen?

Letztes Jahr wurde ich von einem Geschäftsführer gebeten, für eine größere Gruppe von Führungskräften einen Motivationsvortrag zu eben diesem Thema zu halten. Die Firma steckte mitten in einer Fusion, und die Stimmung bei der Belegschaft war nicht gerade rosig. Ich befragte im Vorfeld den Unternehmenslenker detailliert, mit welchem Lebensgefühl die einzelnen Teilnehmer wohl vor mir sitzen werden. Er ging davon aus, dass die meisten eher zurückhaltend, wenn nicht gar abweisend auf das Thema reagieren würden. Für viele hatten sich die Arbeitsbedingungen deutlich verschlechtert. Sie mussten größere Teams leiten, mehr Aufgabenbereiche übernehmen, und auch ihre Mitarbeiter standen unter stärkerem Stress.

Durch eine Standortverlegung hatten sie deutlich höhere Anfahrtszeiten zur Arbeit, manche mussten sogar zu Wochenendpendlern werden. Für all diese Mehrbelastungen gab es jedoch keinen finanziellen Ausgleich, ihr Gehalt blieb zunächst gleich. Nach diesem Bericht musste ich erst einmal eine Weile überlegen, welche Botschaft ich diesem Personenkreis überhaupt vermitteln konnte. Ein »Schönreden« ihrer Situation kam für mich sowieso nicht infrage – der Geschäftsführer selbst verstand sofort, dass dies auch nicht zielführend sein könnte.

Ich entschied mich dazu, während des Vortrags mit dieser Gruppe genauso ins Forschungslabor zu treten wie üblicherweise mit meinen Seminarteilnehmern. So startete ich mein Referat mit dem Modell eines Veränderungsprozesses, das ich in einem Buch von Martina Schmidt-Tanger mit dem Titel »Veränderungscoaching« (2005, S. 39) gefunden hatte und welches mir sehr plausibel erscheint.

Emotionale Akzeptanz verlangt Zeit, Geduld und Lebensweisheit

Sicher sehen sich alle Menschen irgendwann im Laufe ihres Lebens mit der Erfahrung einer unliebsamen Veränderung konfrontiert. Im Zuge dieser Wandlung muss jeder Strategien entwickeln, um mit diesen herausfordernden Richtungswechseln umzugehen. Sowohl im privaten als auch im beruflichen Bereich kann es jederzeit zu überraschenden Einschnitten kommen, die die persönliche Lebensplanung mehr oder weniger stark beeinflussen. Es können außergewöhnliche Schicksalsschläge sein, die regelrecht vom Himmel fallen, aber auch lang angekündigte Umstellungen, die der Einzelne zwar schon wahrgenommen, in letzter Konsequenz jedoch verdrängt hatte. Je ahnungsloser ein Mensch mit einer plötzlichen Umstellung konfrontiert wird, umso heftiger kann seine Reaktion auf das Ereignis ausfallen. Das folgende Schaubild dokumentiert eine mögliche Reaktionskette, die ich in dieser oder ähnlicher Form schon bei mir selbst und anderen beobachten konnte.

Ein Modell zum Verständnis von Veränderungsabläufen

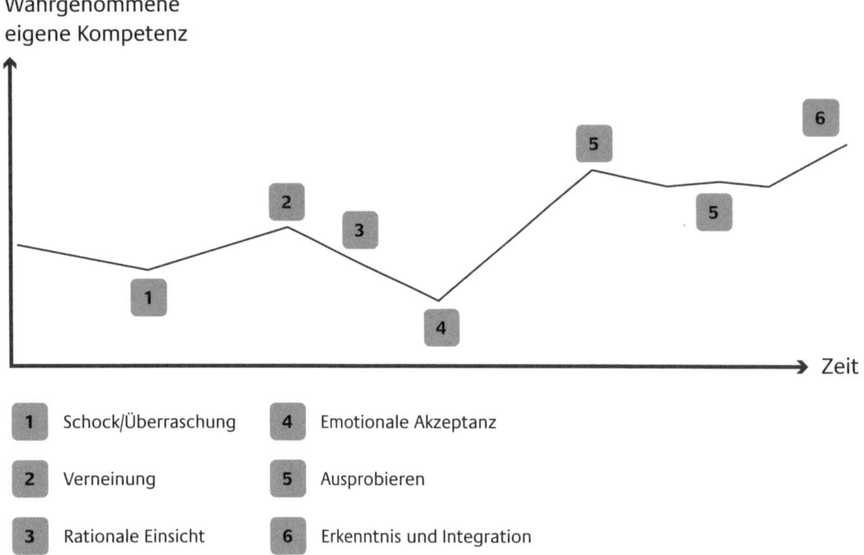

1 Schock/Überraschung
2 Verneinung
3 Rationale Einsicht
4 Emotionale Akzeptanz
5 Ausprobieren
6 Erkenntnis und Integration

Die eine Amplitude der Grafik symbolisiert die Zeitschiene, in der sich ein Verarbeitungsprozess abspielt. Die andere Achse dokumentiert die eigene wahrgenommene Kompetenz – das persönliche Lebensgefühl während der Krisenzeit. Erfährt ein Mensch, dass sich seine berufliche oder private Situation einschneidend verändert, kann diese Botschaft zunächst einen Schreck oder gar einen Schock auslösen, an den sich reaktiv eine Ablehnung oder Negierung koppelt. Diese Abwehrhaltung ist zunächst eine Schutzreaktion, um die eigene Selbstsicherheit zu wahren. Wir Menschen sind Gewohnheitstiere und orientieren uns an sicheren, stabilen Abläufen und Verhältnissen. Werden wir unverhofft aus unserer Ordnung, unserer Komfortzone gekippt, beginnt unser Innerstes erst einmal, Sturm zu laufen. Die Veränderung wird sofort auf ihre Bedrohlichkeit abgeklopft, und unser System läuft auf Hochtouren, um herauszufinden, wie es diese neue Situation meistern kann. Der Verstand ist der Erste, der eine unangenehme Situation zu parieren versteht. Ein Erwachsener kann sich mental relativ schnell in unerwünschten Situationen zurechtfinden. Durch rationale Einsicht und Durchdringung kann er blitzschnell Strategien entfalten, um mit dieser neuen Konstellation umzugehen.

Herz und Seele brauchen an dieser Stelle ungleich länger Zeit und Geduld, um all diese aufkeimenden Gefühle und Gedanken zu sortieren. Veränderungen, die nicht vom Schicksal, sondern von anderen Menschen ausgelöst werden, wickeln sich nur selten in gemeinsamem Einverständnis ab. Oft zwingt eine Person die andere, sich mit einer Entscheidung abzufinden, die für den anderen nur schwer nachvollziehbar und nicht gewollt ist. Durch persönlich so empfundene Zurückweisung, unfaire Behandlung, ungerechtfertigte Abwertung und Kränkung entstehen im Innersten eines Menschen Wunden, die sich nicht schnell beruhigen und heilen lassen. Der Verstand kann die Veränderung akzeptieren und abhaken, während Herz und Seele noch lange an der Situation zu kauen haben.

In dieser Phase der emotionalen Verarbeitung sinkt das Selbstwertgefühl meist in den Keller. Der Mensch fühlt sich ungeliebt und ohnmächtig – und das ist wahrlich kein schönes Lebensgefühl. So ist die Versuchung groß, einer sauberen, grundlegenden Verarbeitung aus dem Weg zu gehen und sich eine Art rationale Hängebrücke über das »Tal der Tränen« zu bauen. In manchen Fällen gelingt diese Abkürzung und erspart der Person kummervolle Stunden und schlaflose Nächte. In vielen Fällen drängen sich diese unverarbeiteten Emotionen aber immer wieder in den Vordergrund, oftmals in Situationen, wo sie kein Mensch brauchen kann. Von daher macht es absolut Sinn, sich Zeit zu nehmen und einem Veränderungsprozess die Möglichkeit für eine tiefer gehende, ehrliche Verarbeitung zu schenken. Wer seinen Gedanken, Gefühlen und Stimmungen ernsthaft auf den Grund geht und aktiv mit ihnen arbeitet, hat die große Chance, sich substanziell zu erweitern. Persönlichkeitsreifung findet oftmals durch die Verarbeitung einer Krisensituation statt. Der Mensch lernt, mit seiner Ohnmacht umzugehen. Er entdeckt im Inneren und Äußeren Sichtweisen und Handlungsspielräume, die ihm die Möglichkeit zu kreativem Agieren offerieren. Durch die bewusste Integration schmerzhafter Erfahrungen bildet sich eine neue Lebensqualität. So wachsen Selbstvertrauen, innere Kraft, Gelassenheit und Souveränität.

Ein Führender kann dieses Schaubild als guten Einstieg nutzen, um mit seinen Mitarbeitern, die während eines Veränderungsprozesses zumeist emotional hoch aufgeladen sind, erst einmal ins Gespräch zu kommen. Im weiteren Entwicklungsprozess kann immer wieder auf das Bild zurückgegriffen werden, um den Fortschritt der Verarbeitung festzustellen und zu honorieren.

Von der Resignation zur Lösungsorientierung

Zurück zum Beispiel von Seite 172:

Alle Emotionen sind willkommen

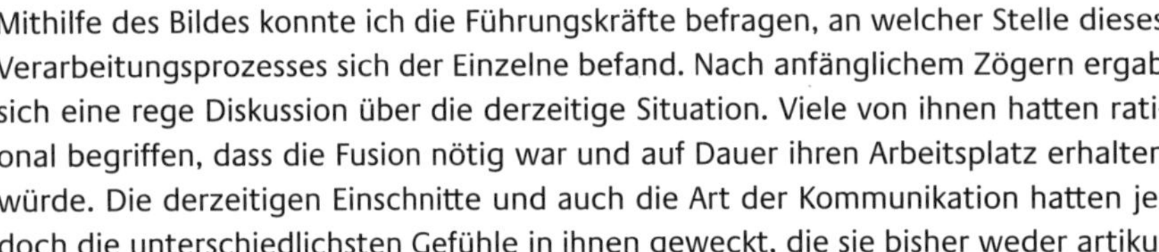

Mithilfe des Bildes konnte ich die Führungskräfte befragen, an welcher Stelle dieses Verarbeitungsprozesses sich der Einzelne befand. Nach anfänglichem Zögern ergab sich eine rege Diskussion über die derzeitige Situation. Viele von ihnen hatten rational begriffen, dass die Fusion nötig war und auf Dauer ihren Arbeitsplatz erhalten würde. Die derzeitigen Einschnitte und auch die Art der Kommunikation hatten jedoch die unterschiedlichsten Gefühle in ihnen geweckt, die sie bisher weder artikuliert noch verarbeitet hatten.

Sie pendelten zwischen Empörung, Zukunftsangst, Hilflosigkeit, Verunsicherung und Aufbruchsstimmung, Neugierde und professioneller Akzeptanz der Situation hin und her. Das Gespräch darüber tat ihnen sichtlich gut, denn sie konnten ihren Gefühlen endlich Luft machen. Jede Aussage und jeder Blickpunkt wurden ernst genommen und konnte in Ruhe zum Ausdruck gebracht werden. Diese Aussprache über ihre Vergangenheit und ihre Gegenwart öffnete langsam auch den Blick für ihre zukünftigen Optionen und Handlungsspielräume.

Mehr und mehr erwuchs in ihnen die Bereitschaft, ihr Jammern und Klagen beiseitezuschieben und den Blick nach vorne zu richten. Der neue, positive Schwung war unübersehbar. Zum Ende gab ich ihnen noch eine lösungsorientierte Hausaufgabe mit auf den Weg. Wir vereinbarten, dass sie mit ihren Teams eine ähnliche Aussprache ansteuern, wie wir sie gerade vollzogen hatten. Dazu erklärte ich ihnen den Ablauf von drei möglichen Übungen, die sie miteinander durchspielen könnten.

Genau diese drei Übungen können Sie als Führungskraft nutzen, um Veränderungsprozesse zu begleiten.

Übung: Die Potenziallinie

Einführung

Nachdem ein Team einen angemessenen Verabschiedungs- oder gar »Trauer-«prozess durchlaufen hat, mit dem es respektvoll und wertschätzend Abstand zu seiner Vergangenheit gewinnen konnte, ist es in der Lage, gebundene Energien lösen und sie für eine Ausrichtung nach vorne nutzen. Je bewusster sich ein Team auf ungewohnte, veränderte Bedingungen einlässt, umso eher wird es neben den Einschränkungen auch Möglichkeiten entdecken, die ihm dienlich sind. Eine gemeinsame Ausrichtung

schränkungen auch Möglichkeiten entdecken, die ihm dienlich sind. Eine gemeinsame Ausrichtung auf Handlungsspielräume wendet den Blick weg von der Opferhaltung hin zur eigenen inneren Stärke und Flexibilität. Klar formulierte, neue Ziele können immens hilfreich sein, um »zerfledderte« Energien zu bündeln und einen lädierten Teamspirit wieder zum Leben zu erwecken. Im besten Fall initiiert die Veränderung einen Qualitätssprung auf fachlicher und menschlicher Ebene. Sie regt dazu an, dass sich Kollegen viel genauer zuhören und offen miteinander ins Gespräch finden.

Zunächst gilt es herauszufinden, welche Potenziale in der veränderten Situation schlummern, die erkannt und aktiv aufgegriffen werden müssen. Dieses Reservoire an Entwicklungsmöglichkeiten kann sowohl auf fachlich-sachlicher Ebene liegen als auch auf der menschlich-kommunikativen. Auch wenn Bedingungen zunächst ungünstiger als die bisherigen erscheinen, können sie durch eine kluge Analyse und Durchdringung viel mehr Entwicklungspotenzial bieten als gedacht. Es kommt auf die innere Haltung an, die ein Mensch einnimmt. Wer sich für Veränderung öffnet, kann mit Ideenreichtum, Kreativität und auch Improvisationsfähigkeit aus wenig viel machen.

Die Potenziallinie dient im ersten Schritt dazu, dass sich jedes Teammitglied darüber bewusst wird, welche Ziele, Anliegen und Entwicklungschancen es auf sachlicher und menschlicher Ebene erreichen möchte. Im nächsten Schritt findet ein sorgfältiger Austausch statt.

Jede Person der Gruppe kommuniziert, was sie sich vornimmt, und spricht diese Vorhaben mit der Führungskraft und den Kollegen ab. Jeder sollte genau wissen, was er zu tun hat und auch ein präzises Verständnis davon besitzen, welche Aufgaben die Mitstreiter verfolgen. Auch die Führungskraft sollte beurteilen können, ob der Mitarbeiter die von ihm selbst formulierten beziehungsweise vereinbarten Aufgaben durchdrungen hat und sich bei der Umsetzung selbst gut einteilen kann.

Durch den dreidimensionalen Übungsaufbau kann jeder Teilnehmer all die Dinge, die er sich vornimmt, nicht nur auf der Verstandesebene inspizieren, sondern auch Körper, Herz und Seele zurate ziehen. Das Durchwandern einer Potenziallinie, gepaart mit dem sorgfältigen Hinspüren auf allen Sinneskanälen, lässt Vorhaben in einem anderen Licht erscheinen. Zeitkorridore und Ressourcen sollten auf ihre Machbarkeit abgeklopft werden.

Da heute viel zu oft unrealistische Ziele ausgegeben werden und die meisten Mitarbeiter an dieser Stelle zutiefst frustriert sind, rate ich mittlerweile, zunächst lieber mit einer ganz nüchternen Einschätzung zu beginnen. Es zieht nämlich immense Energie ab, wenn das ganze Jahr lang unerreichbaren Fristen hinterhergerannt wird. Ein sportliches Herangehen an Arbeitspakete befürworte ich, nur muss die Aufgabenstellung mit gesundem Menschenverstand definiert werden.

Ziel

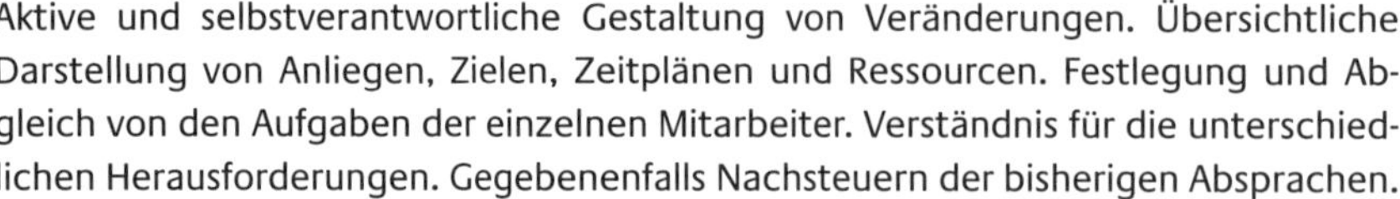

Aktive und selbstverantwortliche Gestaltung von Veränderungen. Übersichtliche Darstellung von Anliegen, Zielen, Zeitplänen und Ressourcen. Festlegung und Abgleich von den Aufgaben der einzelnen Mitarbeiter. Verständnis für die unterschiedlichen Herausforderungen. Gegebenenfalls Nachsteuern der bisherigen Absprachen.

Material

Seile beziehungsweise Klebebänder, Moderationskarten, Stifte.

Möglichkeit zur Kleingruppenarbeit

Schritt 2 wird von jedem Teammitglied alleine vollzogen, die übrigen Arbeitsstufen durchläuft die Gruppe gemeinsam.

Übungsablauf

Schritt 1: Zunächst wird ein genauer Zeitrahmen abgesteckt, in dem der Übungsaufbau geschieht, zum Beispiel: »Wir schauen uns die nächsten zwei Jahre an – mit vier Unterteilungen (Meilensteine), passend zum Geschäftsjahr.«

Schritt 2: Jeder Teilnehmer nimmt sich die Arbeitsmaterialien und legt sich als Erstes mithilfe des Seils oder des Klebebands eine Zeitschiene aus. Mit den Moderationskarten werden die zeitlichen Meilensteine markiert.

Im nächsten Schritt platziert er alle die von ihm zu erreichenden Inhalte in die Zeitschiene hinein. Wichtig dabei ist, dass er alle seine Ziele konkret schildert. Auf die eine Seite des Seils platziert er die fachlich-sachlichen Inhalte, auf die andere Seite die menschlich-kommunikativen. Mit gelben Moderationskarten hebt er besondere Potenziale hervor, die er herausfiltern möchte. Mithilfe roter Karten kann er all seine verbleibenden Zweifel, Bedenken oder Ängste markieren, die der Veränderungsprozess in ihm entfacht.

Schritt 3: Jedes Teammitglied durchläuft mit seinen Kollegen sein Schaubild und präsentiert dabei seinen persönlichen Zukunftsplan.

Auf Sach- und Beziehungsebene wird die Machbarkeit der Inhalte überprüft und miteinander abgeglichen. Durch den dreidimensionalen Aufbau können dabei die Botschaften von Körper, Herz und Seele bewusst involviert werden. Alle Aspekte finden in diesem Kontext Wertschätzung und können offen angesprochen werden.

Schritt 4: In vielen Fällen stimmt die Dosierung der vorgenommenen Ziele nicht – die Messlatte liegt zu hoch oder zu tief. Es gilt, das richtige Maß zu finden und im gegenseitigen Austausch abzustimmen.

Tipps für Führungskräfte

Es ist ein filigraner Prozess, Menschen, die resigniert, verängstigt oder gar verletzt vor einer Veränderung stehen, zu einem Blickpunktwechsel zu bewegen. Der Ausblick auf neue Ziele, neue Chancen und Möglichkeiten kann dem Mitarbeiter eine Orientierung, Freude und Halt schenken. Nutzen Sie die Chance, die Ihnen diese Übung zum Stimmungswechsel bietet, und unterstützen sie engagiert die einzelnen Anliegen und Ausrichtungen. Achten Sie dabei immer auf die realistische Einschätzung der Gegebenheiten.

Übung: Projektlandschaft

Einführung

Haben die Mitarbeiter ihre einzelnen Ziele und angestrebten Potenzialentwicklungen dargelegt und abgesprochen, ist es äußerst sinnvoll, diese unterschiedlichen Zeitlinien in einem großen Schaubild zusammenzubringen. Denn nicht nur die einzelne Leistung gilt es zu optimieren – das ist nur das Pflichtprogramm. Die Kür beginnt bei der Feinabstimmung der unterschiedlichen Arbeitsabläufe.
Mit der »Projektlandschaft« können sich Arbeitsgruppen einen konkreten Überblick darüber verschaffen, an welchen Schnittstellen sie genauso feilen können, um Geschwindigkeit und Flexibilität herauszuholen. Für den Aufbau und Ablauf braucht es oftmals einen halben Tag und einen großen Seminarraum.

Ziel

Festlegung und Abgleich von Zielen. Sichtbarmachung der Schnittstellen und Abhängigkeiten im Arbeitsablauf. Überprüfung der Ressourcen und Risikoanalyse.

Material

Seile und Klebebänder, Moderationskarten, Stifte.

Möglichkeiten zur Kleingruppenarbeit

Die Teilnehmer agieren alle gleichzeitig. Die Übung ist von Anfang bis Ende eine Gruppenarbeit.

Übungsablauf

Schritt 1: In der Mitte des Raums wird für alle zusammen eine Zeitlinie gestaltet. Mit den Moderationskarten werden die vereinbarten Meilensteine markiert.
Im nächsten Schritt legt sich jedes Teammitglied seine persönliche Ziellinie daneben. Entlang dieser Achse positioniert jeder die von ihm zu erreichenden Inhalte. Wichtig ist dabei, dass er alle seine Ziele konkret beschreibt.

Schritt 2: Sobald die einzelnen Linien vorhanden sind, können die gemeinsamen Schnittstellen und Abhängigkeiten wiederum mit Seilen und Klebebändern in das Bild hineingelegt werden. So entsteht nach und nach auf dem Boden eine große Projektlandschaft, in der zum einen die Aktivitäten der einzelnen Akteure abgebildet sind, zum anderen deren Zusammenspiel genau ablesbar wird.

Schritt 3: Jedes Teammitglied durchläuft mit seinen Kollegen sein Schaubild und achtet in diesem Durchgang besonders auf die Schnittstellen. Viele Projekte können sich nur reibungslos abwickeln, wenn die einzelnen Bereiche auf eine zeitgenaue Übergabe der einzelnen Arbeitsschritte achten.
Auf Sach- und Beziehungsebene wird die Machbarkeit der Zukunftsplanung überprüft und miteinander abgeglichen. Durch den dreidimensionalen Aufbau können dabei die Botschaften von Körper, Herz und Seele offen miteinbezogen werden.

Schritt 4: Im nächsten Schritt werden mögliche Risiken und Ressourcenpuffer betrachtet. Die Gruppe spielt zunächst in Gedanken verschiedene Projektverläufe durch, bis hin zu Worst-Case-Szenarien. Diese unterschiedlichen Vorgänge werden in der Projektlandschaft reflektiert und auf ihre diversen Folgeerscheinungen hin untersucht. Ein komplexer Arbeitsprozess verhält sich wie ein Mobile – wird an einem Ende gezogen, verändert sich die gesamte Konstellation, und nichts passt mehr zum anderen. Dieses Phänomen gilt es, so genau wie möglich zu antizipieren.

Schritt 5: Durch die übersichtliche Gesamtdarstellung lassen sich benötigte Zeit- und Arbeitsressourcen sehr genau ablesen, mögliche Engpässe und Risiken im Voraus identifizieren. Aus der Projektlandschaft lassen sich hervorragend konkrete Maßnahmen und Aufgaben ableiten, die sofort schriftlich fixiert werden.

Tipps für Führungskräfte

Mithilfe der Projektlandschaft kommen die meisten Teams richtig in Fahrt und gewinnen große Freude daran, ihre Zusammenarbeit zu optimieren. Alle guten Erkenntnisse und Absprachen sollten in großer Verbindlichkeit und Verantwortlichkeit füreinander umgesetzt werden. Die positive Energie, Aufbruchstimmung und Entschiedenheit, die durch die Übung entsteht, sollte unbedingt in den Arbeitsalltag mitgenommen werden.

Übung: Grenzüberschreitung mit System

Einführung

Die Teammitglieder haben sich mit ihren Zielen und Arbeitsabläufen ausführlich beschäftigt. Durch das gemeinsame Arbeiten, das Auslegen der Seile beziehungsweise das Spannen der Klebebänder über dem Boden, die Beschriftung und Positionierung der Moderationskarten, das Hineinspüren, die Diskussionen, das Umsortieren ist ihnen ihr gemeinsames Projekt sehr vertraut geworden.

Mit dieser Übung können die Teilnehmer noch einen Schritt weitergehen: Sie können zu Experten im Bereich der systematischen Grenzüberschreitung werden. Sie nehmen einen Rollenwechsel vor. Sie sind nicht mehr interne Mitarbeiter, sondern werden zu externen Beratern, die die gesamte Situation mit Abstand betrachten können.

Folgendes Szenario soll von ihnen bearbeitet werden: Das Zeitfenster für die Erreichung der Teamziele verkürzt sich um 20 Prozent. Alle bisherigen vereinbarten Termine und Meilensteine wurden nochmals über den Haufen geworfen. Das bedeutet: Das gesamte Projekt muss komplett neu durchdacht werden. Sie werden als Spezialisten eingeladen, diese Situation zu analysieren und kreative, ungewöhnliche Vorschläge zu unterbreiten. Hierfür können sie die gewohnten Bahnen ihres Denkens verlassen – jede Idee ist willkommen. Sie folgen dem Satz von Albert Einstein: »Die signifikanten Probleme, vor denen wir stehen, lassen sich nicht auf derselben Ebene lösen, auf der wir sie geschaffen haben.«

Seine Aussage beinhaltet zwei aufregende Aspekte:

- Erstens: Dass Probleme in ihrer Darstellung und Auswirkung auf verschiedenen Ebenen wahrnehmbar sind. Das heißt, dass wir die Ebenen definieren müssen, auf denen wir die Folgen eines Themas begutachten können.
- Zweitens: Dass die bestehenden Probleme von uns selbst erschaffen worden sind. Diese Annahme gewährt uns die gewaltige Freiheit, auf genaue Spurensuche zu gehen. Fragen Sie sich: Mit welcher meiner Denk-, Fühl- oder Verhaltensweisen konstruiere ich mir eine Realität, die für mich nun zum Problem wird? Welche Handlungsspielräume besitze ich, um zu einem tragfähigen Lösungsweg zu gelangen?

Ziel

Aktivierung der Teammitglieder als verantwortliche Lösungsfinder. Entwicklung von gänzlich neuen, unkonventionellen Vorgehensweisen. Anregung zum spielerischen Denken.

Material

Flipchart, Stifte.

Möglichkeit zur Kleingruppenarbeit
Das Team teilt sich in Kleingruppen auf. Bei komplexeren Projekten kann sich jede der Crews ein Thema vorknöpfen. Danach kommt es zum Austausch in der großen Runde.

Übungsablauf
Schritt 1: Als Erstes definiert die Gruppe Ebenen beziehungsweise Perspektiven, aus denen sie die Thematik reflektieren kann. Dann startet sie ihre Untersuchung. Sie analysiert die Schwierigkeit aus verschiedenen Blickpunkten und leitet hiervon mögliche Handlungsspielräume sowie Verantwortliche ab.

Schritt 2: Aus dieser genauen Analyse kann das Team einen Projektplan konzipieren, wie es die Problematik angreifen und zu einer guten Entwicklung bringen möchte.

Schritt 3: Die einzelnen Gruppen präsentieren ihre Ergebnisse im großen Kreis. Die einzelnen Blickpunkte werden offen diskutiert. Konkrete Maßnahmen können hypothetisch festgelegt werden – somit hat das Team für unerwartete Engpässe Handlungsoptionen parat.

Tipps für Führungskräfte
Diese Übung setzt spielerisch an und sollte viel Kreativität freisetzen. Laden Sie ein zum freien »Spinnen«, zum Brainstormen ohne Bewertung, zum geistigen Geniestreich, auch wenn dieser zunächst unrealistisch wirkt. Entdecken Sie miteinander schlummernde Potenziale in Ihrer ideenreichen Lösungsfindung.

Sportsgeist entwickeln

Um Wandlungsprozesse gemeinsam meistern zu können, erscheint es für Führende ratsam, folgende Schritte zu beachten:

- Holen Sie sich selbst und Ihre Mitarbeiter emotional dort ab, wo Sie gerade stehen. Ein Mensch, der das Alte noch nicht losgelassen hat, hat noch keine freie Hand, um das Neue anzupacken. Ein offenes, wertfreies Gespräch kann helfen, sich von Vergangenem, Vertrautem respektvoll zu verabschieden. Geben Sie Ihren Mitarbeitern Raum für eine achtsame Ablösung – und seien Sie gleichzeitig klar in der Ausrichtung nach vorne.

- Leben verlangt immer wieder neu den Mut, nach vorne zu schauen. Schenken Sie sich selbst die Zeit, diese positive Kraft in sich zu wecken. Durch Ihre authentische Ausstrahlung werden Sie das Interesse Ihrer Mitarbeiter wecken, innere Stärke und geistige Beweglichkeit zu professionalisieren.
- Schonen Sie Ihre Mitarbeiter nicht. Nehmen Sie jeden Einzelnen in die Pflicht, Verantwortung für seine Zukunftsgestaltung zu übernehmen. Regen Sie die Teammitglieder aktiv an, Potenziale zu entdecken und sie kraftvoll zu entwickeln.
- Finden Sie zu einer gemeinsamen Ausrichtung für das Team. Gerade in Krisenzeiten gilt es, den Teamspirit besonders zu stärken. Klären Sie ganz genau, welchen Part jeder Kollege übernimmt und wie wichtig sein persönlicher Einsatz für das Ganze ist. Wecken Sie Verständnis füreinander und fördern Sie unternehmerisches Denken.
- Unterstützen Sie vor allem unkonventionelles, kreatives, freies Denken. Regen Sie dazu an, bisherige Denk- und Verhaltensweisen zu hinterfragen, und suchen Sie gänzlich neue Strategien und Lösungswege.
- Entdecken Sie in einer belastenden Situation auch immer das Abenteuer. Es kann einen großen Lebensgewinn darstellen, wenn man sich einer neuen Lebensaufgabe stellt und sie durch Scharfsinn sowie emotionale Größe zu lösen versteht.
- Freuen Sie sich über Ihre Erfolge und feiern Sie gemeinsam das Erreichen von Meilensteinen.

Wer es schafft, in schwierigen Zeiten zusammenzurücken und erst recht an einem Strang zu ziehen, stattet sein Team mit einem besonderen Immunsystem aus. Mit der Zeit wird es keine Furcht mehr vor Veränderungsprozessen haben, sondern diese ganz im Gegenteil aktiv aufgreifen und verantwortlich mitgestalten. Ein derartiges Verhalten kann auf das restliche Unternehmen eine große Wirkung ausstrahlen – denn letztlich sollte eine gesamte Organisation lernen, mit solch einer proaktiven Geisteshaltung dem steten Wandel unserer heutigen Arbeitswelt zu begegnen.

SCHRITT 10:
Bewahren Sie sich neben dem Spielbein konsequent ein Standbein

»Ich glaube, dass Gott uns in jeder Notlage so viel Widerstandskraft geben will, wie wir brauchen. Aber er gibt sie nicht im Voraus, damit wir uns nicht auf uns selbst, sondern allein auf ihn verlassen. In solchem Glauben müsste alle Angst vor der Zukunft überwunden sein.«

Dietrich Bonhoeffer

Verankern Sie sich fest in Ihren Werten und Ihrer ureigenen Kraft

Das Wesentliche nicht aus dem Auge verlieren

Resilienz hilft uns, in ungewohntem Terrain Orientierung zu finden. Die Ausbildung innerer Stärke verleiht uns die Möglichkeit, mit unvorhergesehenen Situationen offen und neugierig in Kontakt zu treten. Resilienz macht belastungsfähig, flexibel und anpassungstark. Gleichzeitig erzeugt sie in uns noch eine andere, ganz wichtige Qualität: Sie schenkt uns innere Ruhe und eine tiefe Reflexionsfähigkeit. Diese geistige Freiheit des genauen, wertfreien Hinterfragens unserer Lebensumstände erlaubt uns eine stete Rückversicherung und Überprüfung, um im flüchtigen Ablauf der Begebenheiten nicht unterzugehen.

Immer wieder gilt es, aus dem schnellen Geschehen unserer Zeit einen Schritt herauszutreten, um mit weitem Blick zu überprüfen, in welche Richtung wir gerade unterwegs sind.

Betrachten wir noch einmal aus einem größeren Kontext unsere Arbeitswelt: Der bekannte Sozialpsychologe Harald Welzer veröffentlichte einen hochspannenden Artikel mit dem Titel »Ohne jede Bodenhaftung – unsere Wirtschaft kennt nur drei Ziele: Wachstum, Wachstum, Wachstum. Das wird uns eines Tages das Kreuz brechen« (SZ Magazin, 2011, Nr. 50, S. 22). Er reflektiert darin den Zusammenhang zwischen der Veränderung der Arbeitswelt und dem Umgang mit uns selbst:

> »Dem vorindustriellen Handwerker wie dem Künstler ging es, ebenso wie ihrem Auftraggeber, um die Erstellung eines bestimmten Gegenstandes oder Werkes. Mit seiner Fertigstellung war die Arbeit beendet, und für das fertige Stück gab es Geld. In der industriellen Produktion geht es dagegen schon lange nicht mehr nur um die Herstellung von Produkten und um Arbeit als Mittel zur Erreichung dieses Zwecks, sondern um ein System, in dem unablässig gearbeitet werden mus, um eine unendliche Menge von Produkten herzustellen. Das schöpft Mehrwert und damit investives Kapital, das sofort wieder in die Verbesserung der Produktion

> oder Erweiterung der Produktpalette gesteckt wird, um den Unendlichkeitshorizont noch weiter hinauszuschieben. Nichts ist jemals fertig, die Arbeit hört niemals auf. [...] Wir existieren in einer Kultur des permanenten Vorspiels für ein nächstes Stadium ... So wie die Arbeit unaufhörlich wird, so wird jeder Augenblick im Leben, jede Stufe im Lebenslauf, jeder Euro auf dem Konto lediglich zur Vorstufe jedes nächsten Abschnitts, jedes weiteren Euros. Und jede Stufe einer Biografie ist immer nur Vorstufe eines Selbst, das irgendetwas Nächstes zu erreichen hat. So wird das Leben zur permanenten Bringschuld.«

Der Motor unseres kollektiven Handelns ist wahrlich sehr vielschichtig und subtil zusammengefügt. Einfussfaktoren, die sich aus unserem Gesellschaftssystem herauskristallisieren, spielen genauso eine Rolle wie Eindrücke, die aus unserer psychischen Struktur resultieren.

Ganz außer Frage haben wir ein System aufgebaut, in dem jeder von uns angehalten ist, sich kontinuierlich weiterzuentwickeln. »Lebenslanges Lernen« ist keine hohle Phrase mehr, sondern ein tatsächlicher Bedarf, den unsere Lebensform zwingend bedingt. Wie in allen Dingen des Lebens gilt es auch hier, das richtige Maß zu finden. Eine beständige Fortentwicklung der eigenen Persönlichkeit ist eine wunderbare Sache, wenn sie uns nicht in eine Zwangsjacke der unablässigen Anforderungen stürzt. Was nützt uns unser ganzer Wohlstand, wenn wir ihn nicht wirklich genießen können? Wenn wir dem Leben keine Dankbarkeit für kleine Momente entgegenbringen können, weil wir ständig am Rennen sind? Wenn wir das aus dem Auge verlieren, was uns wirklich, wirklich wichtig ist? Materieller Wohlstand nützt uns nur bedingt, denn am Ende unseres Lebens zählt vor allem, ob wir unsere ureigenen Werte und Herzensanliegen realisieren konnten. Ein resilienter Mensch schafft es, Erfolg und Erfüllung miteinander zu vereinen. Er stellt sich äußeren Herausforderungen, ohne seine innersten Werte und Überzeugungen zu vergessen. So wendet sich der letzte Schritt des Resilienztrainings ganz bewusst dem persönlichen Sinn- und Werteverständnis zu.

Authentisches Fühlen, Denken und Reden hält gesund

In all meinen Trainings fällt auf, dass mit zunehmendem Alter die meisten Menschen nicht nur über ihre bisherigen und möglichen Erfolge nachdenken, sondern viel mehr über die Erfüllung, die sie in ihrem Leben erfahren. Natürlich trägt jeder von uns ein anderes Bild davon in sich, was für ihn ein glückliches, sinnvolles Leben ausmacht. Und doch gibt es ein verbindendes Element in den meisten Reflexionen: die Beziehung zu anderen Menschen.

»Ich höre viel mehr auf die Botschaften meiner Seele«

Ich erinnere mich an ein intensives Gespräch, das ich mit einem äußerst erfolgreichen Unternehmer am Rande eines Kongresses führen durfte. Die vorgetragenen Inhalte, die sich alle mit dem Thema »Werteorientiertes Wirtschaften« auseinandersetzten, hatten ihn sehr bewegt, und er erzählte mir freimütig:»Mein Blickpunkt hat sich im Laufe meines Berufslebens völlig verschoben. Früher war ich äußerst auf meinen Vorteil bedacht. Ich wollte meine Firma, meine Familie, letztlich mich selbst nach vorne bringen, und da war mir fast jedes Mittel recht. Ich eignete mir Menschenkenntnis an, aber nur zu einem Zweck: um besser manipulieren zu können. Ich konnte meinen Geschäftspartnern gegenüber extrem freundlich und gewinnend auftreten, in meinem Innersten verspürte ich aber gar kein Interesse für ihre Person, ich wollte nur ein gutes Geschäft abwickeln. Mit der Zeit verlor ich immer mehr Freunde, und dadurch wurde mir schmerzlich bewusst, was ich mit meinem Leben eigentlich anstellte. Ich habe viel Geld verdient, aber mein Beziehungskonto wurde immer leerer. Glücklicherweise hat meine Ehe das alles überlebt.
Heute gestaltet sich mein Leben ganz anders. Ich achte immer noch auf den Erfolg meines Unternehmens, ich trage ja große Verantwortung für meine Familie und meine Mitarbeiter. Gleichzeitig pflege ich viele gute Beziehungen zu meinen Kunden und Geschäftskollegen. Ich engagiere mich in einigen sozialen Projekten, die mir große Freude bereiten. Mein Interesse verschiebt sich immer mehr in die Richtung, der Gesellschaft, die mir selbst viel ermöglicht hat, auch etwas zurückzugeben. Ich höre meinem Innersten zu, und folge den Gedanken und Gefühlen, die scheinbar meiner Seele entspringen. Ich fühle mich mehr und mehr mit mir im Reinen. Ich fühle mich immer gesünder, ausgeruhter und tatkräftiger – das sehe ich als positiven Nebeneffekt meiner persönlichen Entwicklung.«
Insgesamt unterhielten wir uns drei Stunden lang – die Zeit verflog und wir vergaßen das restliche Programm der Veranstaltung. Es war ein wunderschöner Moment, in dem wir uns immer tiefer über unsere Werte und Herzensanliegen austauschten. Wir beide bemerkten, dass im Alltag oft viel zu wenig Zeit für diese wichtigen Fragen besteht.

Die folgende Übung lädt dazu ein, sich den persönlichen Wertekatalog in Ruhe anzuschauen.

Übung: Werte im Alltag verankern

Einführung

Das Thema »Werte« regt dazu an, innezuhalten und die eigene Geschichte mit Abstand zu betrachten. Es braucht Zeit und Ruhe, um den lauten und leisen Empfindungen auf den Grund zu gehen. Viele unserer Werte sind in frühesten Kindertagen entstanden und eng an unsere Prägungen sowie Glaubenssätze gekoppelt. Jede Familie trägt Tugenden in sich, die bewusst oder unbewusst auf das Zusammenleben einwirken und manches Mal dramatische Konsequenzen nach sich ziehen können.
Hinzu kommt der ganz persönliche Wertekatalog, der eng mit dem eigenen Charakter und der individuellen Lebensgeschichte verknüpft ist. All das vermischt sich mit den gesellschaftlichen, kulturellen sowie religiösen Werten unseres Landes und erzeugt eine Mischung, die kollektive als auch individuelle Erfahrungen in sich vereint.
Eine Organisation bildet mit ihrer selbst definierten Kultur ein großes Dach, unter dem sich Menschen mit zum Teil sehr unterschiedlichen Wertevorstellungen versammeln. Das ist an sich schon ein aufregendes Geschehen. Erschwerend kommt dazu, dass die von Unternehmensseite theoretisch definierte Kultur in der Praxis oftmals nicht umgesetzt beziehungsweise eingehalten wird. Das kann beträchtliche Gewissenskonflikte hervorrufen, die das ganze Unternehmen und einzelne Mitarbeiter langfristig schwächen können.

Ziel

Klarheit über die eigenen Werte und die Möglichkeiten gewinnen, um diese tiefen Anliegen im Alltag konkretisieren zu können. Abgleich mit dem aktuellen Umfeld und Definition von persönlichen Handlungsspielräumen.

Material

Papier, Stifte.

Übungsablauf

Widmen Sie sich nacheinander folgenden Fragen:

- **Frage 1:** Was ist mir wirklich, wirklich wichtig? Welche Werte sind für mein Leben bedeutsam?
- **Frage 2:** Wann und wo kommen Sinn und Werte in meinem privaten Leben bisher praktisch zum Ausdruck?
- **Frage 3:** Wann und wo kommen Sinn und Werte in meinem beruflichen Leben bisher praktisch zum Ausdruck?
- **Frage 4:** Welche meiner innersten Überzeugungen kann ich noch tatkräftiger im täglichen Denken, Reden und Handeln verwirklichen? Was wünsche ich mir? Was ist meine Sehnsucht, meine Vision?

- **Frage 5:** Bei welchen Inhalten muss ich mich der gelebten Kultur des Unternehmens unterordnen, und welche Ausstrahlung hat dies auf mich? Wie finde ich mit dieser Situation einen konstruktiven Umgang? Welche Handlungsspielräume besitze ich, um die Unternehmenskultur positiv zu gestalten? Achten Sie ganz besonders auf den Zusammenhang von Werten, Energiehaushalt und Resilienz.

Tipps für Führungskräfte
Nehmen Sie sich immer wieder Zeit, um mit Ihren Mitarbeitern und Kollegen über den tieferen Sinn Ihrer Arbeit zu sprechen. Wer sich mit seiner Arbeit identifizieren kann, zeigt größtes Engagement und ist gegen Erschöpfung in besonderer Weise geschützt. Wer liebt, was er tut, dem fließen immer wieder neue Kräfte zu. Dieses Phänomen ist ganz besonders in sozialen Berufen zu beobachten. Die intrinsische Motivation trägt diese Personen über viele äußere belastende Umstände hinweg – von dieser Einstellung ist viel zu lernen. Gleichzeitig müssen gerade diese hochmotivierten Menschen ganz besonders auf ihren Kräftehaushalt achten. Dauerhaft schützt nur ein ausgeglichener Energiehaushalt vor dem Ausbrennen.

In ihrer Grundstruktur ähneln sich die meisten Organisationen, da sich auf der Sachebene Aufbau und Abläufe wiederholen beziehungsweise branchenweit übertragen lassen. Den großen Kontrast, das Alleinstellungsmerkmal zu den Wettbewerbern macht die Unternehmenskultur und das Wertemanagement aus. Welch machtvollen Stellhebel Führende damit in der Hand haben, um sich im engen Feld der Mitbewerber abzusetzen, beachten sie zumeist viel zu wenig. Es gehört zwar zum guten Ton, Unternehmenswerte zu erarbeiten und aufwendig in Hochglanzbroschüren zu präsentieren. Sich an diesem inneren Kompass tatsächlich auszurichten, nicht nur bei schönem Wetter, sondern gerade dann, wenn die Wellen höher schlagen – diese Haltung ist in der Unternehmenslandschaft bisher leider nur vereinzelt anzutreffen. Wobei Deutschland, mit seinem über Jahrhunderte gewachsenen Kulturgut, dazu prädestiniert wäre, in diesem Thema weltweit Vorreiter zu sein.

Achtsame Selbststeuerung setzt ungeahnte Kräfte frei

Um in sich selbst Ruhe, Weitblick und Standfestigkeit zu kultivieren, müssen Sie sich in Ihrem Tagesablauf Freiräume schaffen. So schnell mal nebenbei lässt sich das eigene Verhalten weder erforschen noch dauerhaft erweitern. Wie beim Erlernen eines Musikinstruments, einer Sportart oder eines Handwerks braucht es Geduld und Beharrlichkeit. Vor allem auch eine klare Ausrichtung, an der man seine Erfolge messen und zielgerichtet verbessern kann.

Vor einigen Jahren wurde in der Sportpsychologie ein spannendes Experiment durchgeführt. Die zehn weltbesten Hochspringer wurden zu einem Test eingeladen, dessen Inhalt sie vorher nicht kannten. Es wurde ihnen eine Sprunghöhe aufgelegt, die für diese Top-Profis eine Lächerlichkeit war. Nur, sie übersprangen in diesem Experiment keine sichtbare Latte, sondern einen für sie unsichtbaren Laserstrahl. Keiner der Sportler bezwang die Höhe, da es für ihn ein ungreifbares Ziel war. Kaum lag wieder eine sichtbare Messlatte vor ihnen, überflogen sie die von ihnen erwartete Leistungsgrenze.

Vielen Menschen ist das Thema »Ziele« aus ihrem Firmenalltag bekannt. »Führen mit Zielen« ist derweilen ein weit verbreitetes Führungsinstrument. Auf ihr Privatleben möchten die Meisten diese Technik nicht übertragen – gerade aus der Erfahrung, dass sie im beruflichen Kontext durch unrealistische Zielsetzungen oft aufs Glatteis geführt werden. Das kann schnell mit blauen Flecken enden.

Trotz der schlechten Erfahrungen, die Sie möglicherweise gemacht haben, lade ich Sie ein, sich Ihre persönlichen Ziele aufmerksam zu formulieren und konsequent dranzubleiben.

Sein Leben richtig auf Vordermann zu bringen, ist ein längerer Prozess, der als Langzeitprojekt verstanden werden sollte. Es ist ein spannendes Unterfangen, das ebenfalls nach der Zwiebeltechnik funktioniert. Schritt für Schritt kommen Sie dabei mit Inhalten in Kontakt, die eine Klärung, Erleichterung oder Ausbalancierung verlangen. Bei der Bearbeitung der einzelnen Themenfelder sollten Sie sich zeitlich nicht unter Druck setzen und möglichst einen Aspekt nach dem anderen angehen. Viele Themen hängen folgerichtig miteinander zusammen. Sobald Sie beginnen, an einer Ecke Ihres Lebens aufzuräumen, tut sich ein darauf folgender Inhalt oft von ganz alleine auf.

Die zu lösenden Aufgaben können unterschiedlichster Natur sein und kommen aus allen möglichen Richtungen auf Sie zu. Wie gehen Sie mit Ihrer Zeit um? Welcher Austausch ereignet sich zwischen Ihnen und Ihrem Lebenspartner? Wie viel Aufmerksamkeit schenken Sie Ihren Kindern? Wie treten Sie an Ihrem Arbeitsplatz auf? Halten Sie Zusagen, die Sie gemacht haben? Haben Sie Ihre Finanzen geregelt, Ihre Buchhaltung auf Vordermann gebracht? Und, und, und …

All diese Lebensaspekte erscheinen sehr unterschiedlich – und doch reflektieren sie alle die innere Haltung des Menschen. Entscheiden Sie sich zu einer wachen, aufmerksamen Lebensführung, gibt es kein Thema, das sich nicht als Übungsfeld anbieten würde. Frei nach dem Motto: »Raus aus der Komfortzone – spiele mit deinen Möglichkeiten!« Da wir uns im Forschungslabor befinden, muss sich keiner genötigt fühlen, in seinem Engagement weiter zu gehen, als es seiner eigenen Überzeugung entspricht. Wem der Sinneswandel zu einer erweiterten Lebensqualität, zu Glück, Freude und Intensität verhilft, der beißt sowieso an und wird ein fleißiger Bewusstseins-Athlet.

Präsenz und Klarheit – diese Haltung ist ein Angebot, eine Einladung, sein Leben verantwortlich in die Hand zu nehmen. Je kompetenter ein Mensch die Beziehung zu sich selbst und anderen gestalten kann, umso ruhiger und durchscheinender wird sein Geist. Er wird nicht ständig durch unerledigte Geschichten, Konflikte oder Belastungen in Anspruch genommen. Der Geist kann sich beruhigen. Das ist wie ein »mare mosso«, eine bewegte See, die sich beruhigt und den Blick in die Tiefe freigibt.

Je transparenter und »aufgeräumter« sich unser Leben mit hunderten von nahen und fernen Beziehungen und den abertausend Details gestaltet, umso lichter und durchlässiger offenbart sich unser Wesen. Anhaftungen und Identifikationen lassen sich immer leichter durchschauen und spielerisch in uns bewegen, lösen, in Klarheit verwandeln.

Übung: Den Tag bewusst gestalten

Einführung

Viele Menschen haben den Tag über so viele Aufgaben und Pflichten zu erledigen, dass sie dabei kaum zum Nachdenken kommen. Dabei geht es ihnen wie dem Holzfäller, der mit einer stumpfen Säge unermüdlich Bäume fällt. Sein Nachbar kommt vorbei und rät ihm: »Schleif dein Sägeblatt, du verschwendest ja deine Kraft!« »Dafür habe ich keine Zeit«, ruft der Holzfäller zurück und schuftet weiter. Wie beim »Sägeschleifen« entdecken die meisten Menschen beim Innehalten ein großes Potenzial und erkennen, auf welche Weise sie ihre Selbststeuerung und Selbstwirksamkeit optimieren können.

Ziel
Sie lernen, Ihre täglichen Abläufe differenziert zu hinterfragen und auf ihre Tauglichkeit zu überprüfen.

Übungsablauf
Schritt 1: Legen Sie sich mithilfe eines Seils eine Zeitschiene, die Ihren Tagesablauf symbolisiert. (Sie können zur Klärung verschiedener Tagesabläufe wie Bürotag, Reisetag, freier Tag und so weiter mehrere Seile auslegen). Mit Moderationskarten markieren Sie nun die einzelnen Stationen Ihres Tages. Aufstehen, Frühstücken, Kinder auf den Weg bringen, zur Arbeit fahren, Ankunft im Geschäft …

Schritt 2: Sobald alle Karten liegen, durchwandern Sie diese Zeitschiene und überprüfen mit Ihrem ganzen System – Körper, Herz, Verstand und Seele –, welchen Eindruck Sie von Ihren bisherigen Verhaltensformen erhalten. Tun sie Ihnen gut? Unterstützen sie Ihre Potenzialentfaltung? Ihre Gesundheit? Ihre Beziehungsfähigkeit und Ihr Kommunikationsverhalten? Ihre Widerstandskraft und Belastungsfähigkeit?

Schritt 3: Nach differenzierter Betrachtung des Ist-Zustands legen Sie sich eine Soll-Linie. Mit dieser kreieren Sie sich einen neuen Tagesablauf, der (gemessen an Ihren Aufgaben und Herausforderungen) realistisch umsetzbar wäre – nun aber einen unterstützenden Rahmen für Ihre persönliche Entwicklung bildet. Wieder markieren Sie mithilfe der Moderationskarten die einzelnen Abschnitte des Tages. Diesmal können Sie auf der ganzen Klaviatur Ihres bisherigen Resilienztrainings spielen und sich viele kleine Pausen fürs Innehalten, Verbindung-zu-sich-selbst-Schaffen, Einnehmen der Zeugenperspektive, die Pflege des Beziehungsbands, das Werte-im-Alltag-Verankern und weitere Achtsamkeitsübungen einbauen. Das ist aber nur ein Teil der Betrachtung. Neben den Ritualen zur Stärkung der Präsenz und Achtsamkeit achten Sie auf Zeitmanagement, Selbstorganisation, Prozessabläufe, die Effizienz von Information und Kommunikation, überprüfen Ihre Zusammenarbeit mit anderen Personen etc.

Schritt 4: Aus dieser umfassenden Betrachtung leiten Sie nun im nächsten Schritt ganz konkrete Maßnahmen ab, die Sie sich selbst als Hausaufgaben verordnen.

Tipps für Führungskräfte
Diese Übung können Sie natürlich auch gemeinsam mit Ihrem Team machen. Der einzelne Mitarbeiter und auch die ganze Gruppe können tägliche Rituale entwickeln, die jeden darin unterstützen, seine persönliche Kraft und Ruhe dauerhaft zu stabilisieren. Ist dies ein gemeinsamer Prozess, wird keiner dabei »ausgelacht«, sondern bestärkt. Es entsteht ein positiver Gruppendruck, sich an die guten Vorsätze zu halten.

Die Balance von Ruhe und Bewegung

Die ganze Natur und auch unser Organismus funktionieren über duale Systeme. Wir können nur leben, wenn wir ein- und ausatmen. Unser Herz schlägt und macht eine Pause. Wir nehmen auf, wir scheiden aus. Ein Muskel bleibt nur geschmeidig, wenn er sich anspannt und wieder entspannt. Dem Tag folgt die Nacht, der Ebbe die Flut. Bei näherer Betrachtung existieren unendlich viele gegensätzliche Eigenschaften, die die Natur locker miteinander verbindet. Leben bedeutet die Balance von Gegensätzen.

Da wir Menschen uns auf ein Wildwasser eingeschifft haben, müssen wir lernen, für diese Turbulenzen ein angemessenes Gleichgewicht zu schaffen. Je umfassender wir die Vernetzung im Äußeren vorantreiben, umso rascher müssen sich unser Auffassungsvermögen und unsere Fähigkeit weiterentwickeln, Dinge in die rechte Beziehung zueinander zu setzen. Wir sind umgeben von vielschichtigen Konstellationen, die unserem Geist eine immer feinere Differenziertheit abverlangen. Wir müssen der zunehmenden Geschwindigkeit ein Gegenwicht von Ruhe entgegensetzen.

Diese Ruhe kann nur von innen kommen. Der einzelne Mensch muss lernen, mit sich selbst sorgsam und achtungsvoll umzugehen. Und er muss an seinem Arbeitsplatz Bedingungen schaffen oder vorfinden, die ihm eine Lebensbalance ermöglichen.

Die körperliche Gesundheit sowie die emotionale, mentale, geistig-seelische Ausgeglichenheit sind und bleiben die Basis von jedweder Leistungsfähigkeit. Eine Gesellschaft, die diese Wahrheit übergeht und negiert, wird an den Folgen schwer zu tragen haben.

Weitaus klüger und auch günstiger wird es sein, so schnell wie möglich Wege zu generieren, die uns befähigen, mit den vielfältigen Belastungen und dem anhaltenden Druck angemessen umzugehen. Neben dieser gesellschaftlichen und organisationalen Verantwortung zählt aber vor allem die Kraft, die jeder Einzelne in sich dafür aufbringt, sich gezielt weiterzuentwickeln.

An dieser Stelle möchte ich Ihnen noch ein Interview mit Professor Gerald Hüther vorstellen, das ich im März 2012 führen konnte. Er ist Leiter der Zentralstelle für Neurobiologische Präventionsforschung der Universitäten Göttingen und Mannheim/Heidelberg und sein Forschungsinteresse gilt der angewandten Neurobiologie.

Wellensiek: »Herr Hüther, Sie machen durch Ihre Vorträge und Publikationen großen Mut, dass eingeschliffene Muster und Prägungen selbst im fortgeschrittenen Alter noch veränderbar sind. Können wir uns tatsächlich bis ins hohe Alter verändern und weiterentwickeln?«

Hüther: »Ja, das ist so. Jahrzehntelang ist die Forschung davon ausgegangen, dass die während der Hirnentwicklung ausgebildeten neuronalen Verschaltungen und synaptischen Verbindungen unveränderlich sind. Heute weiß man, dass das Gehirn zeitlebens zu adaptiven Modifikationen und Reorganisationen seiner einmal angelegten Verschaltung befähigt ist. Ein menschliches Gehirn ist in der Lage, einmal entstandene Programme wieder aufzulösen oder zu überschreiben, sobald sie die weitere Entfaltung der geistigen und emotionalen Potenziale zu behindern beginnen. Jeder Mensch ist zu tief gehenden Lern- und Veränderungsprozessen befähigt– er muss sich zunächst nur über seine bisherigen Programmierungen bewusst werden.«

W.: »Warum wiederholen wir so gerne Verhaltensweisen, selbst wenn sie uns nicht guttun?«

H.: »Jede Art Programm, das durch Belastung und Stress entstand, ist eine Erinnerung an einen erfolgreichen Lösungsweg, den der Mensch schon einmal gefunden hat. In der damaligen Notsituation war es wichtig für ihn, diesen Weg zu gehen. Das bedeutete zum Beispiel, nicht auf seinen Körper zu achten und seine Gefühle und Wahrnehmungen zu unterdrücken. Zunächst hat er erlebt, dass ihm diese Bewältigungsstrategie geholfen hat, die Situation zu meistern und zu überleben. Dieses Programm wurde dann durch entsprechende Belohnungssysteme, das heißt mithilfe neurobiologischer Botenstoffe, regelrecht gedüngt und somit fest verankert.

Erfahrungen, die sich mit tiefen Gefühlen koppeln, werden im präfrontalen Kortex, einem hochkomplexen Bereich unseres Gehirns, abgespeichert. Wenn wir während einer Tätigkeit, die wir ausführen, Ablehnung erfahren, wandert dieses Erleben nicht nur in das kognitive, sondern auch in das emotionale Netzwerk in der präfrontalen Rinde hinein. Beide Systeme werden miteinander verkoppelt und verankern sich so besonders tief. Wir brauchen uns nur an Situationen aus der Schulzeit erinnern. Viele Kinder haben zum Beispiel im Musikunterricht abwertende Erfahrungen gesammelt. Noch nach Jahrzehnten können sie sich an kleine Details erinnern, wie sie vor der Klasse vorsingen mussten und dafür ausgelacht wurden oder eine schlechte Bewertung erhielten. In diesem Moment verkoppelt das Gehirn: Singen bedeutet Kränkung – und diese Grunderfahrung steuert nun alle weiteren Entscheidungen, sich mit Musik weiterzubeschäftigen – oder eben nicht. Durch ein negatives Erlebnis werden viele positive, glückliche Erfahrungen und Entwicklungsmöglichkeiten im Keim erstickt.

Widerfährt dem Kind auch in anderen Kontexten das ähnliche Erlebnis, dass sich perfekte Leistung mit viel Anerkennung koppelt, und weniger Leistung dementsprechend mit weniger Wertschätzung und Zuneigung, bildet sich ein Erfahrungsbündel, das auch Metaerfahrung genannt wird. Diese bildet die Grundlage einer inneren Haltung, im Englischen auch ›Mindset‹ genannt. Viele Menschen agieren aus dem Mindset, dass sie in allen Lebensgebieten möglichst perfekte Leistung abliefern sollten, um Wertschätzung und Respekt, letztlich Liebe zu erfahren. Diese tief sitzende Haltung begünstigt eine Erschöpfungserkrankung ungemein.

Jeder Mensch versucht, zwei Grundbedürfnisse zu erreichen: Verbundenheit und Freiheit. Wer sich für das Gefühl der Zugehörigkeit ständig überfordern und verausgaben muss, erreicht weder das eine noch das andere. So ergeht es Burnout-Patienten. Sie ziehen sich immer weiter zurück und haben kaum mehr Handlungsspielräume.«

W.: »Wie können wir uns von alten Mustern lösen?«

H.: »Eine Programmierung entsteht durch Erfahrungen – und auf diesem Weg lässt sie sich auch wieder überschreiben. Erfährt ein Mensch, dass er geliebt und anerkannt wird, wenn er einmal schwach und unperfekt ist, verankert sich auch dieses Bild in seinem Gehirn. Je öfter und intensiver er diese schöne Erfahrung macht, umso stärker programmiert er sich um. Denn diese positive Erfahrung ist grundsätzlich keine neue, die er macht – sie knüpft an etwas an, was schon da ist. Die meisten Babys und Kleinkinder haben neben emotionalen Entbehrungen auch Liebe, Wärme und Ruhe erfahren. Jeder Mensch trägt neurobiologisch einen Goldklumpen in sich. Über diesen hat sich im Laufe der Zeit ein Misthaufen gelegt. Es gibt Techniken, die versuchen, den ganzen Misthaufen wegzuräumen; das dauert natürlich Jahre. Weitaus schneller funktionieren Techniken, die quasi eine Tiefenbohrung machen und den Menschen zügig mit seinem Goldklumpen in Verbindung bringen. Auf diesem Weg können rasch sehr positive Erfahrungen gemacht werden, die den Weg zu tiefer gehenden Veränderungen ebnen.«

Ich hoffe, dass Ihnen dieser Trainingsleitfaden vielfache Denkanstöße und praktische Übungen mit an die Hand gibt, um Ihr eigenes Leben und das Ihrer Mitarbeiter in ausgewogenere Bahnen zu lenken. Letztendlich wirkt sich weniger unser Denken, sondern vor allem unser Tun und Handeln, unsere Erfahrungen aus. Treffen Sie also eine Entscheidung, wohin sich Ihr Leben in den nächsten Jahren bewegen soll. Und lassen Sie sich von nichts und niemandem von Ihrem Ziel, Ihrer Vision abbringen. Entdecken Sie Ihren Goldklumpen und lassen Sie ihn nie wieder los! Denn:

Widerstandkraft entsteht durch die Überwindung von Widerstand!

Literaturverzeichnis

Badura, Bernhard/Ducki, Antje/Schröder, Helmut/Klose, Joachim/Macco, Katrin (Hrsg.) (2011): Fehlzeiten-Report 2011, Schwerpunktthema: Führung und Gesundheit. Springer: Berlin.

Baumberger, Gerald (02.01.2012): *Wider den Pessimismus.* Frankfurt am Main: FAZ, S. 1.

Brafman, Ori/Brafman Rom (2011): *CLICK.* Der magische Moment in persönlichen Begegnungen. Weinheim und Basel: Beltz.

Covey, Stephen R. (2012): *Die 7 Wege zur Effektivität.* Prinzipien für persönlichen und beruflichen Erfolg. 24. Auflage. Offenbach: Gabal.

Förster, Anja/Kreuz, Peter (2010): *Nur Tote bleiben liegen.* Frankfurt am Main/New York. Campus.

Fournier, Cay von (2005): *Die zehn Gebote für ein gesundes Unternehmen.* Frankfurt am Main/New York: Campus.

Frankl, Viktor E. (2009): *... trotzdem Ja zum Leben sagen.* 3. Auflage. München: dtv.

Freudenberg, Herbert J.: *Staff Burn-out.* New York: Pergamon.

Freudenberg, Herbert J. (1980): *Burn Out: The High Cost of High Achievement.* New York: Pergamon.

Gänsler, Siegfried/Bröske, Thorsten (2010): *Die Gesundarbeiter.* Hamburg: Murmann.

Gerwien, Tilman/Peters, Rolf-Herbert/Posche, Ulrike/Rosenkranz, Jan (2012): *...sie läuft... und läuft... und läuft...* Hamburg: Stern (2012/1).

Händeler, Erik (31.12.2011): *Die Chefs der alten Schule haben ausgedient.* München: Süddeutsche Zeitung/Wirtschaft.

Hüther, Gerald (2012): *Biologie der Angst.* Wie aus Streß Gefühle werden. 10. Auflage. Göttingen: Vandenhoeck & Ruprecht.

Hüther, Gerald (2011): *Bedienungsanleitung für ein menschliches Gehirn.* 10. Auflage. Göttingen: Vandenhoeck & Ruprecht.

Reivich, Karen/Shatté, Andrew (2003): *The Resilience Factor.* 7 Keys to Finding Your Inner Strength and Overcoming Life's Hurdles. New York: Three Rivers Press.

Saint-Exupéry, Antoine de (1999): *Wind, Sand und Sterne.* 25. Auflage. Düsseldorf: Karl Rauch.

Schmidt-Tanger, Martina (2005): *Veränderungscoaching.* Kompetent verändern. NLP im Changemanagement, im Einzel- und Teamcoaching. 3. Auflage. Paderborn: Junfermann.

Schramm, Stefanie (29.12.2011): *Kann man Glück lernen?* Hamburg: Die Zeit Nr. 1.
Siegrist, Ulrich/Luitjens, Martin (2011): *30 Minuten Resilienz.* Offenbach: Gabal.
Sprenger, Reinhard K. (2010): *Gut aufgestellt.* 2. Auflage. Frankfurt am Main/New York: Campus.
Volk, Hartmut (2011): *Die Eigenverantwortung nicht vergessen.* Bonn: Deutsche Postgilde e.V., Spektrum 4/2011.
Weber, Christian (22./23.10.2011): *Die Burn-out-Hysterie.* München: Süddeutsche Zeitung/Wissen.
Welzer, Harald (2011): *Ohne jede Bodenhaftung.* München: SZ Magazin Nr. 50.
Wippermann, Peter (2011): *Ausgebrannt im Stand-by-Modus.* München: Focus 52/1.
Zetsche, Dieter (17.02.2011): *Bilanzpressekonferenz.* Handelsblatt.

Internetlinks

BEK Report Krankenhaus 2016: https://www.barmer.de/presse/infothek/studien-und-reports/report-krankenhaus/report-2016-39066
BKK Gesundheitsreport 2016: www.bkk.de/arbeitgeber/bkk-gesundheitsreport/jahresbericht/
DAK Gesundheitsreport 2016: https://www.dak.de/dak/gesundheit/DAK-Gesundheitsreport_2016-1783254.html
Europäische Agentur für Sicherheit und Gesundheitsschutz am Arbeitsplatz (EU-OSHA): http://osha.europa.eu/fop/germany/de/front-page
iga-Report: https://www.iga-info.de/fileadmin/redakteur/Veroeffentlichungen/iga_Reporte/Dokumente/iga-Report_28_Wirksamkeit_Nutzen_betrieblicher_Praevention.pdf